ART Packaging World

朱和平 柯胜海 胡俊红 编著

包装世界
PACKAGING

湖南大学出版社

内 容 简 介

本书系统阐述包装知识，主要包括以下六个方面内容：一是介绍原始包装、古代包装、近代包装、现代包装四个阶段中的一些典型包装形态以及相关包装材料的运用；二是介绍包装与生活的相关知识；三是阐明包装与环境之间的关系；四是介绍包装与人类健康密切相关的一些知识，如包装标识、包装法规、包装常识等；五是介绍包装材料特性与包装技术知识；六是包装艺术案例赏析。

本书可作为高等院校设计艺术专业基础教材，亦可供包装知识爱好者学习参考。

图书在版编目（CIP）数据

包装世界 / 朱和平，柯胜海，胡俊红　编著.—长沙：湖南大学出版社，2012.9（2015.1重印）

ISBN 978-7-5667-0259-3

Ⅰ. ①包... Ⅱ. ①朱... ②柯... ③胡... Ⅲ. ①包装–普及读物 Ⅳ. ①TB48.49

中国版本图书馆CIP数据核字（2012）第221033号

包装世界
BAOZHUANG SHIJIE

编　　著：朱和平 柯胜海 胡俊红

责任编辑：李　由

责任校对：全　健

责任印制：陈　燕

出版发行：湖南大学出版社

社　　址：湖南·长沙·岳麓山　　　　邮　　编：410082

电　　话：0731-88822559(发行部)，88821251(编辑室)，88821006(出版部)

传　　真：0731-88649312(发行部)，88822264(总编室)

电子邮箱：pressjzp@163.com

网　　址：http://www.hnupress.com

印　　装：湖南雅嘉彩色印刷有限公司

开　　本：889×1194 16开　　印张：7.75　　　　　　字数：200千

版　　次：2012年9月第1版　　印次：2015年1月第4次印刷　　印数：20 001~30 000册

书　　号：ISBN 978-7-5667-0259-3/J·246

定　　价：35.00元

包装业既是国民经济发展的重要支柱产业，也是事关民生安全与环境友好的重要行业。要实现我国由包装大国向包装强国转变的战略目标，并促进包装更好地为民生的改善与国民经济的可持续发展服务，包装业就必须加快向绿色化、生态化和"资源节约型，环境友好型"的产业转型与升级的步伐。正因为如此，《中华人民共和国国民经济和社会发展第十二个五年规划纲要》明确提出将包装行业作为调结构、转方式的九大重点产业之一。在这个经济结构调整与产业转型升级的过程中，包装科研、设计工作者起到了把握方向的作用，但是从接受学的角度来看，作为直接与包装使用相关的主体——大众，其文化素养的提高，特别是对包装知识的了解，将有助于其生活习惯与消费方式的改变，在一定程度上将推进与加快包装行业的转型与升级。

基于上述认识，提高大众的相关包装知识具有十分重要的意义。本书主要是以非本专业学生以及社会大众为阅读对象的知识普及型读物，旨在向广大读者传播与普及有关人与包装方面的知识，因此，在框架结构上试图打破普通包装教材追求完整性和专业性的特点，而采用多个具有深层逻辑联系的知识点，将人与包装的相关知识点进行系统阐述；在表达方式上采用科普化的语言进行表述，以期读者在阅读的过程中，能体会到快速、轻松、趣味之感。同时，读者通过对包装相关知识的了解，可提高自身文化涵养，促进生活观念与消费方式朝着绿色、低碳、环保的方向转变。

本书内容主要包括以下六个方面：

一是从原始包装、古代包装、近代包装、现代包装四个阶段中的一些典型包装形态以及相关包装材料的运用，来揭示整个包装的发展与演变历程，并总结了各个时代的包装特性与发展规律。此外，该部分还向读者介绍了与包装历史发展相关的一些知识点。

二是介绍包装与生活相关的知识，从饮食、购物、休闲等几个角度入手，叙述包装在人类发展过程中，对人的生活方式与购物方式以及休闲方式带来的一系列变革，以便在阅读过程中更加深入了解包装与生活的关系。

三是阐明包装与环境之间的关系，透过过度包装的现象，论述人类在盲目使用包装、不合理废弃包装时给环境带来的一系列压力，从而让人们在使用包装与购买商品过程中能够从源头杜绝过度包装商品的市场，为包装设计的健康发展奠定了基础。与此同时，该部分还介绍了几种包装新理念及包装回收的相关知识，指明人与环境的和谐发展的方向。

四是介绍包装与人类健康密切相关的一些知识，如包装标识、包装法规、包装常识等，使人们对包装常识与包装常用标志有一定的了解和认识，并在生活过程中扩展自身的知识面，也为人们的健康生活提供知识储备。

五是介绍包装材料特性与包装技术的知识点，以期让读者了解包装常用技术的同时，也了解包装材料与人类健康的相互关系。

六是通过案例赏析的形式对包装与艺术之间的一些关系进行解读，让人们在阅读过程中体会包装设计的一些艺术形式，并提高自身的欣赏水平与艺术修养。

上述六个方面的内容，实质上是围绕人的生活方式和行为而阐述，关系到人的生存状况和生活质量，也反映出包装与人类自身发展同步，包装无时不在，无处不有。包装尽管没有成为一个学科，但因其产业链非常之长，涉及诸如材料、设计、经济、营销等众多学科知识和技术，要想短时间内系统地理解这些专门的综合知识和技术，绝非易事。为此，本书力图通过以下特点来达到相关目的：

第一，内容知识化。该书所表达的内容主要以知识普及为目的，较之普通教材而言，多了些与生活相关的知识点，少了些与包装设计、包装技术相关且为专业性、规律性方面的内容，从而使得该书具备较强的针对性。

第二，形式趣味化。该书在形式上以知识点的列举或者对一些生活中富有情趣现象的解释为主要形式来传达包装与日常生活紧密相连的一些知识。其在表达形式上打破了传统教材因注重完整性而忽略某些重要知识点的形式，更加趣味性地将一些相关的知识点呈现在各个主题之下，通过精心安排保证内在逻辑上存在一定的系统性。

第三，语言通俗化。针对阅读对象的不同，本书舍弃高层次理论的目标追求，避免了理论性与逻辑性语言带来的阅读障碍，采用最为通俗易懂的科普语言进行表述，从而实现阅读的无障碍性与愉悦化。

按照上述编写思路和目标，我们对相关的包装知识进行了一个梳理，作了一次简要的总结，期望能给大众提供一份了解包装的美味餐。但是，包装的时代性和交叉性太强了，知识的更新太快了。如果有疏漏之处，请专家与读者批评指正，以期今后不断修订完善。

本书的编写，由朱和平、胡俊红、柯胜海共同提出框架结构和编写体例。由柯胜海负责文稿的编撰和图片的收集，朱和平对全书做了统稿。在文稿的编撰和图片的收集方面，研究生王松、何青萍、赵蓉三位同学出力不少。最后，需要特别提出的是，本书的编写得到了湖南工业大学副校长金继承教授、教务处长倪正顺教授的指导和大力支持，我们在这里深表谢意！

朱和平

2012年8月1日

目　录
MULU

1

包装与历史

随着生产力的提高、科学技术的进步和文化艺术的发展，包装经历了漫长的演变过程。这个过程大致可以分为原始形态的包装、古代包装、近代包装和现代包装四个阶段。原始形态的包装和古代包装具有保护、储运和美化包装物的功能，但还不能说是严格意义上的包装。随着工业革命的进行，现代意义上的包装出现了。这个时期的包装不仅具有生产标准化、形式多样化的特点，而且能起到美化商品、吸引顾客的促销作用。进入20世纪后，现代包装集设计、生产、流通、销售、回收于一体，形成了一个专门的工业体系，并开始重视包装与环境及人类社会的和谐关系。

1.1
原始包装

大约二三百万年前地球上出现人类以后，人类经历了漫长的石器时代。石器时代又分为旧石器和新石器两个阶段。在旧石器时代（大约距今1万年以前），原始人的生产能力十分低下，为了生存和繁衍，他们通常群居巢穴，靠双手和简陋的工具采集野果、捕鱼、打猎来维持生活。为了保存和运输劳动得来的食物，他们或用植物叶子、兽皮包裹，或用藤条、植物纤维捆扎，有时还用贝壳、竹筒、葫芦、兽角等盛装。这些都是早期人类对自然资源的直接利用、就地取材的真实写照，是原始形态的包装。其完全采用天然材料，就地取材、加工简单、成本低廉，适用于短程小量物资转运。由于天然材料的不可替代性，使得部分原始包装方式沿用至今。

1.2
古代包装

古代包装历史悠久，它跨越了新石器时代、原始社会后期、奴隶社会和封建社会四个时期。随着社会的发展、生产力的不断提高、剩余产品的日渐增多、交易活动的日益频繁，活动范围的不断扩大，因而各种产品不仅需就近盛装、转移，还需包裹捆扎送往远方的集市，而仅靠那些旧石器时代使用的器具已远远不能满足需求。尤其是一些容易受损变质的产品，需要保护功能良好的包装容器保证其远距离运输和交易的顺利进行。这促使人们对天然材料进行更深入的加工，从而出现了各种人工包装材料。其中，陶质材料的发明揭开了人造包装材料的序幕。随后，金属、纸张等的相继出现，推动了古代包装的不断发展和进步。

1.2.1 古代包装的特征

新石器时期，人们开始手工制作包装，如用陶土制作陶器；用简单工具截竹为筒；用植物枝条编成篮、筐、篓；或经纺织缝制成袋、兜等。进入封建社会后，商品流通和市场销售日益扩大，商品的储存、运输和包装日显重要。这些客观因素促使古代包装在密封、防潮、防震、携带和搬运等方面进一步发展，并出现了多件包装、系列包装、配套包装等形式。而在造型和装潢艺术上，已掌握了对称、均衡、参差、变化等形式美的规律，并采用了镂空、镶嵌、堆雕、染色、涂漆等装饰工艺。

1.2.2 陶质包装容器的出现

陶器的产生，是原始人类造型观念和艺术设计能力发展到一定阶段的必然产物。材料上，从天然材料到人工材料，从黏土到陶器，并不像原始木器、石器、骨器那样仅仅是通过加工技术来改变其外形，而是通过化学变化将一种物质改变成另一种物质的创造性活动；意识上，原始陶器在造型、纹样、色彩等方面都经历了仿生、象形、写实表现到抽象化的过程；工艺上，从最初的捏塑手工泥条盘筑法发展到轮制法，制作工艺日趋精巧。这些有力地证明了陶质包装容器的产生是原始人类造型观念和艺术设计能力的提升，是包装发展史上的第一次飞跃。

原始社会初期阶段，人类在极度艰难的生活条件下，以采集野果、集体捕猎为生。为了将从各处采集的食物、野果和捕获的猎物带回居住地，他们就地取材，或用植物叶子、兽皮包裹，或用藤条、植物纤维捆扎，有时候还用果壳、竹筒、葫芦、兽角等盛装。这类包装方式保存时间短、携带不便，只适于短距离运输。

一次偶然的机会人类学会了用火，并发现黏土和水混合后，具有较好的黏性和可塑性，而且干后可定型，经火焙烧后可变得坚硬，不易破碎且不透水，陶质包装容器便应运而生（图1-1）。

进入奴隶社会后，人们经过长期的实践和探索，

图1-1 舞蹈纹彩陶盆

已掌握了灵活运用和控制烧制陶质包装容器的火候和室温等技术。随着社会对包装容器的需求迅速增加，生产技术日益提高，不仅出现了烧制陶质包装容器的专门作坊，而且在整个生产过程中，有了较明确的内部分工，各种造型和不同用途的陶质包装大量出现。另外，施釉技术的掌握，使陶质包装容器的品质得到了极大提高。此后，陶质包装容器得到了全面发展，造型丰富多彩，用途广泛，如盛装膏、丹、丸、药品及盐渍食品的陶质包装容器随处可见。直至东汉晚期，成功烧制的瓷器逐渐取代了陶质包装的地位。

时至今日，以陶作为容器的包装仍然广泛应用于酒类、食品类等领域中。就其基本手工制作而言，运用较广的为"泥条盘筑法"和"轮制法"这两种方法。

知识点链接

（1）"泥条盘筑法"

最早的陶质包装器物都是原始先民用手捏塑成的，后来他们逐渐摸索出一种新的手工成型方法，就是泥条盘筑法。这种制陶工艺在新石器时代晚期已经比较盛行。具体的制作方法是：先把和好的泥料揉搓成泥条，然后由下向上盘筑垒起成型，最后把里外抹平，陶器的雏形就完成了。

（2）"轮制法"

轮制法是继泥条盘筑法后，原始先民发明的另一种重要的制陶方法，它分为慢轮和快轮两种。为了避免盘筑法做出来的陶质包装器型不规整和器壁上有指纹的现象，人们发明了陶轮来修整陶坯，即将泥料放在陶车上，利用陶轮的旋转，用双手将泥料拉成容器坯体。用此法制作出来的陶质包装器壁厚薄均匀，形状更加美观。早在新石器时代晚期，我国一些地区已经采用了这种方法制陶。如龙山文化的黑陶，多是轮制的产物。轮制法的发明，是制陶工艺的一大进步。

1.2.3 青铜材质包装的出现

在人类物质文化史上，继旧石器时代、新石器时代之后的第三个时代被称作"青铜时代"。以铜、锡、铅合金铸成的我国青铜材质包装是古代科技和艺术的伟大结晶，它们精美绚丽、品类繁多、风格独特，在世界青铜文化中占有重要的位置。中国青铜器最早出现在新石器时代晚期，历经夏、商、西周、春秋、战国乃至秦汉，有着3000多年的发展历史。青铜是人类金属冶炼史上一项伟大的发明，它是红铜和锡、铅的合金，具有熔点低、硬度大、可塑性强、色泽光亮等特点，所以青铜包装容器相对于陶质包装容器来说，质地更加坚固，密封性能也更好，因而广泛用于盛装日常物品和祭祀用品。如在河北满城汉墓发掘出土的一系列青铜包装容器，如错金银鸟篆文壶、鎏金银蟠龙纹壶等。总之，青铜材质包装是我国古代包装中继陶质包装之后的又一辉煌杰作，它的出现是人类造物活动的第二次飞跃。

青铜材质包装的制作离不开精巧绝伦的制作工艺，主要有范铸法和失蜡法。这两种工艺显示出古代匠师们高超的创造才能。青铜材质包装独特的造型、神秘的纹饰，至今仍为人们所赞叹。其造型有圆形、半圆形、方形和异形等，如陕西宝鸡戴家湾出土的鸟纹卣造型独特，是我国古代青铜包装容器的上乘之作。这些包装容器上神秘的装饰纹样多为动物纹和几何纹。动物纹中，常见的有饕餮纹、夔龙纹、凤鸟纹等，如图1-2所示。其中尤以饕餮纹最具特色，它常常以双目突出，张着大嘴，口露獠牙，卷曲的眉、耳形象出现在许多青铜包装容器的显要位置上。

图1-2 蟠龙纹盖罍-西周

总之，青铜材质包装具有极高的实用价值和艺术审美价值，是我国文物艺术中的瑰宝。它不仅展现了我国劳动人民的无限智慧，同时也有力地推动了古代包装向前发展。

1.2.4 形式多样化的漆器包装

我国的漆器历史悠久，是华夏文化宝库中一颗璀璨的明珠。漆器是指用漆在木头、织物、金属、竹篾、皮革等材料做成的胎骨上进行涂饰，并装饰图案花纹的一类器物。早在一万年以前的新石器时代晚期的良渚文化中就已使用漆。而1978年在浙江河姆渡出土的朱红色漆木胎碗，是目前我国发现最早的漆器实证。至三四千年前的夏代，我们的祖先已经掌握了用漆液防锈和装饰包装容器的技术。1971年，河南偃师二里头墓葬中发现的红木漆匣，大致可以认为是最早的漆器包装。

从食具盒到具杯盒，从梳妆用具的奁（lián）到文化用具的砚盒等等，漆器包装一直被广泛应用，因而对漆树需求量很大。而漆树为落叶乔木，具有喜阳光、生长快的特点，故在春秋时期，多分布在河南、山东、山西偏北地区；战国时期，多分布于湖南、湖北。春秋战国时期，我国漆树广泛种植，使得漆器包装的品种繁多；铁制工具的大量出现，使得漆器包装制作更加便捷；漆器包装的轻便性，使其逐渐取代青铜包装的地位，漆器包装成为古代包装的一大特色。我国漆器工艺丰富多彩，现存唯一一部古代漆工专著《髹饰录》中记载了古代漆器的种类、工艺技法以及漆工艺的发展状况。漆器的制作工艺虽然在几千年的传承中有过一些革新，但基本工艺却一直延续着最基础的传统。古人一般用木头、竹子、皮革等制成胎体，然后在胎体上涂漆和打磨。战国之前的漆工艺还处在萌芽状态，但已经奠定了漆器的基本技艺特色。

漆器包装的形式多种多样，最具特色的是组合化、系列化包装和集合包装两类。且不论是漆奁还是具杯盒（图1-3），不论采用何种结构形式，其设计始

图1-3 具杯盒-西汉

终注重子盒与母盒、部分与整体的有机统一。如在马王堆汉墓出土的日用漆器中，盛放化妆品、香料等物品的双层九子奁，采用了双层结构和多个子盒的组合设计，是典型的组合化、系列化包装设计。其器身分为上下两层，上层放手套、丝巾等物，下层放置9件呈椭圆形、圆形、长方形、马蹄形的小盒，内盛白色的粉、油彩、胭脂等化妆品及粉扑等，这9个小盒的大小不同、造型各异，十分巧妙地组合于底层圆形的大盒之中，完美地处理了各子盒之间的组合关系，实现了功能的合理性与形式的独创性。而在马王堆1号墓出土的具杯盒便是一件集合包装的作品。整个内部结构设计十分紧凑，稳定性好，与外部的容器形态浑然一体。另外，漆器包装的装潢也极其精美，《韩非子·外储说左上》记载了"买椟还珠"的故事，即买下包装的匣子，退还内盛的珠子，可见包装制作之精巧。

漆器包装以其高超精湛的技艺和丰富多样的包装形式，为古代包装发展史谱写了充满智慧和灵性之光的一章。

1.2.5 美轮美奂的瓷质包装

瓷器脱胎于陶器，是我国古代人民在烧制陶器的过程中逐渐摸索制作出来的精美容器。它比陶器纤细润泽，胎质也更洁白纯净，因此受到人们的广泛喜爱。瓷器耐热、耐火、不变形、抗腐蚀，且密封度和避光性能都很好，所以常用来包装酒类、盐渍食品、酱菜及粮油等大宗商品。

我国有史可考的瓷质包装容器出现在东汉。由于与陶器相比它具有胎质致密、经久耐用、便于清洗、外形美观等特点，魏晋以后，瓷器逐渐取代陶器，成为日常生活中的主要包装容器。至唐、宋两代，随着商品经济的进一步发展与人们生活水平的提高，瓷质包装进入蓬勃发展时期。尤其宋代的瓷质包装是当时最具代表性的包装形式之一，它广泛用于盛装食品、药品、茶叶和化妆品等，如图1-4所示。其不仅产量大、品种多、用途广，且造型讲究。大件瓷质包装稳重而典雅，线条简洁流畅；小件瓷质包装造型博采众长，无论仿生造型还是几何造型，都以追求和满足审美需要为目标。此外，还在实用的基础上，通过刻、划、雕、印、贴等艺术表现形式，用图案和文字展现出了一种高贵、华丽之美。

图1-4 彩绘跃鹿纹盖罐-南宋

1982年冬季，考古学者在江西景德镇意外发现了大量的明代碎瓷片，此后经过数十次抢救性的清理、挖掘，不仅发掘了数件绝世古品，还从挖掘出的十余吨埋藏在地下的官窑碎瓷片中修复还原出一千多件瓷器古物。显然，当时的瓷质包装已比较成熟。如青花五彩莲龙纹镂空盖盒，该盒在用彩方面以红、淡绿、黄、褐、紫及釉下青般的蓝色为主，尤其突出红色，使全面色釉显得浓艳而富有华丽之感。

进入清代以后，瓷质包装容器又有了新的发展，无论是在品种、数量还是在制作工艺等方面都达到了精益求精、至善至美的水平。如在工艺上，珐琅彩瓷经过了康熙时期类似铜胎的画珐琅阶段，雍正时期诗书画融为一体的珐琅彩阶段，乾隆时期融西洋画法的珐琅彩阶段，达到了珐琅彩制作的高峰。

纵观古代瓷质包装容器的发展过程，可以说自它诞生以后的每一时刻都与人类生活息息相关。近代以后，制瓷业的不断进步，促使瓷质包装的用途日益拓展，朝着更新、更美、更适用的方向发展。

1.2.6 承载养生文化的金银器包装

金银器皿的出现，始于春秋战国时期，在唐代达到鼎盛。迄今在考古发掘中发现的早期金银器皿，有战国时期湖北随州曾侯乙墓出土的"云纹金盏"，但其制作技法仍采用青铜范铸工艺。

金、银作为贵金属，从其材料性能来说，具有光泽感强，质地柔软，易于加工成型等特点，用其制成的包装容器具有避光性能好、抗氧化、耐腐蚀的特性，历经千年仍可新亮如初。早在西汉时期，金银器就被作为承载养生文化的包装容器，这一时期神仙方术思想盛行，上至帝王将相，下至平民百姓大都渴望能得道成仙。公元前133年，炼丹方士李少君对汉武帝说，他能从丹砂中炼出金子，而用这种金子制成的杯盘，注以水浆，饮之者可长生不老，并提出使用金银器可延年益寿的说法。汉代以后，金银器包装制品不仅数量增多，品种增加，而且工艺也趋于成熟，基本上已脱离了青铜工艺，走上了独立发展的道路。其中所体现的"养生文化"内涵，也从这一时期得以延续。

图1-5 辽鎏金凤纹录顶银宝函-唐

唐宋时期，随着社会经济的发展和金属冶炼技术的进步，金银器在上层社会广为流行，如图1-5所示。用它作包装容器既承载着浓郁的养生文化，又是财富地位的象征。在我国古代社会多是皇家和上层贵族所拥有的奢侈品，在一定程度上反映了某个朝代或民族经济与文化的盛与衰。

1.2.7 包装发展史上的第三次飞跃——纸包装的出现

谈起纸包装，人们自然就会把它和我国四大发明之一的造纸术联系在一起。其实，早在蔡伦改进造纸术前的西汉，我们祖先就已经用麻布制成了"絮纸"。虽然"絮纸"粗糙、松软，不适于书画，但却是包裹日常用品的好材料。而后，东汉蔡伦在改进前人造纸技术的基础上，创造了用树皮、麻头和鱼网等原料造纸的方法。这种方法操作工艺简单，所需原料丰富，成本低，很快在全国普及。纸包装也随之得到发展，逐渐替代以往昂贵的绢、锦等包装材料，用于食品、药品等的包装，如《汉书·赵皇后传》中就有用纸包装中药的记载。

纸包装发展的全面繁荣期出现在我国宋代。当时，市镇大量出现，商品经济空前繁荣，纸包装的需求量大增。同时，造纸技术进一步发展，纸张的产量和质量都得到大幅度提高。因此，大大小小的市镇街巷上，随处可见用纸包装的食品、药品、纺织品、化妆品、染料、火药、盐等。

图1-6 北宋刘家针铺纸包装装潢

此外，宋代雕版印刷术在唐代的基础上，也得到了长足发展。尤其是北宋的毕昇发明活字印刷术后，纸包装上还出现了带有广告性质的文字和商标图形。如北宋刘家针铺纸包装上就已印有"济南刘家功夫针铺"的标识（图1-6），中间是一只白兔的图形标记，两侧写着"认门前白兔为记"，下方有说明商品质量的广告文字："收买上等钢条，造功夫细针，不偷工，民便用，若被兴贩，别有加饶，请记白"。整个包装图文并茂，文字简洁易记，促销目的突出，已具备现代包装的基本功能。从那时起至今，纸包装一直在人们的生活中发挥着不可或缺的重要作用。

与陶质、铜质和瓷质包装相比，纸包装在轻便性、成本及广告印刷等方面都具有绝对优势，因此被称作包装发展史上的第三次飞跃。

1.2.8 马背上的少数民族包装

图1-7 绿釉马镫壶

我国是一个多民族国家，历史上的匈奴、契丹、女真、蒙古等民族都先后在草原上生活过。他们靠天养草、靠天养畜，过着居无定所的游牧生活，马匹是他们赖以生存的交通工具，为了保护、存储和运输物品，便出现了与他们的游牧生活相适应的"马背上的包装"，如图1-7所示。该类型的包装多是扁体弧底造型，适于悬挂在马鞍上。材料上，多采用轻便耐用、防潮性能好、不易变形、不易开裂、便于携带的桦树皮、皮革、金银等材料，最具代表性的是鸡冠壶。

1.2.9 巧夺天工——清代宫廷包装

古代包装发展到清代，在功能、造型、装饰材料的应用及制作工艺等方面都达到了我国古代包装设计艺术的高峰。其中，最具特色的是宫廷包装，它既注重实用保护功能，又强调艺术创意。且考究的选材、精湛的工艺、多样的造型和精美的装潢，都突显了皇权思想及设计者对审美情趣和哲理的追求。其所包装的物品中，精神产品尤其多见，如书画、宗教法器与经典、玉器等。无论实用功能还是艺术创意，清代宫廷包装都远超前代，不愧为古代包装的集大成者。

清代自康熙以来，随着政局的稳定与经济的繁荣，为了满足皇家的需要，清政府成立了内务府造办处，"集天下之良材，揽四海之巧匠"，专门负责设计和制作皇家用品及其包装。清代宫廷包装在造型结构、装饰手法和装饰图案上都具有典型的皇家风格。精巧的设计，新颖的造型，合理的结构，处处体现着皇家范式。如乾隆时期的"棕竹水浪莲花盒"（图1-8），葵花形盒盖巧妙地将棕竹丝片制成浪花漩涡，正中嵌莲花白玉，盒里有莲花圆屉盘和5个刻有御制诗的凹形小池。这件莲花盒设计清雅巧妙，意趣盎然，达到了"内外一体，神形兼备"的艺术效果。再如晚清后妃的"织锦梳妆盒"，盒内设有大小不等的长方格，体积虽小，却能盛装多达25件各类梳妆用具，方便了后妃们梳妆打扮。

清代宫廷包装在装饰手法上与清代工艺美术的发展规律相吻合。一是雕刻工艺的运用。如紫檀雕刻、红漆雕刻、竹根雕刻等，特别是清代中期，竹刻以清淡高雅的风姿登上了雕刻艺术的顶峰，竹根雕册页盒就是当时较为盛行的一种。再如"芒果诗文盒"，盒面芒果形态奇特，枝叶弯曲错落，显得分外活泼精致。二是镶嵌工艺的运用。如"御笔养正图诗盒"（图1-9），以及"'向用五福'莲座盒"等，都嵌以珐琅、琉璃、松石等珍贵饰物，雕刻与镶嵌工艺的运用，使这些包装更富有皇家气派。

图1-8（左）棕竹莲花盒

图1-9（右）《御笔养正图诗》盒

清代包装物的装饰以双龙海水江崖纹等典型的宫廷纹饰为主，龙纹矫健雄壮，海水江崖纹起伏有致，体现了皇权思想的至高无上。而包装品装饰纹样内容的选择，既与被包装物有内在联系，又有较丰富的文化内涵。如乾隆御用"'集胜延禧'盒"和"'绮序罗芳'提箱"（图1-10、图1-11），是一对用紫檀制作的包装物，内装胜景图册和花卉图册，盖面所刻隶书"集胜延禧"和"绮序罗芳"与两册内容极为贴近，上面镶嵌的玉璧又体现了乾隆崇古敬天的思想，装饰华美，寓意深刻。此外，在所包装的物品中，又尤其注重宗教法器与经典的包装，如《妙法莲华经》《无量寿佛经》《长寿经》等，着意突出富丽堂皇和庄重神圣的装潢效果，以

图1-10（左）"集胜延禧"盒

图1-11（右）"绮序罗芳"提箱

显示皇家的豪华气派及其对佛教经典的珍视与尊崇。

清代作为封建社会的最后一个王朝，它是一个值得哀婉的王朝，同时也是一个值得叹服的王朝。但不管历史如何变迁，它的宫廷包装物，确实绝出千古，巧夺天工，其本身就是精美绝伦的工艺美术品，是清代繁花似锦的工艺百花园中的奇葩。

1.3
近代包装

近代包装是指工业革命发生以后，包装从传统手工生产向机械制造包装过渡的历史阶段。在此期间我国正处于封建社会后期，而西欧、北美国家正从封建社会向资本主义社会过渡。18世纪中期到19世纪晚期，西方国家先后经历了两次工业革命，蒸汽机、内燃机的发明，以及电力的广泛使用促使人类社会生产力成倍增长。

在包装领域，由于轮船、火车、汽车的发明提高了海、陆运输能力，促使大量流通用的包装出现了。同时，西方国家的包装材料、技术传入中国，使我国包装在功能、材料和生产过程等方面都发生了巨大变革。近代包装的发展和取得的成就，标志着包装工业体系开始形成，为包装现代化发展奠定了良好基础。

1.3.1 螺纹盖和皇冠盖的出现

螺纹盖和皇冠盖的出现是近代包装容器密封技术的两次重大变革。

螺纹盖的发明人是约翰·马松，他于1858年获得了该项发明的专利。螺纹盖开启了瓶类包装容器密封技术的新纪元，改变了用木、布、纸等塞封的传统密封方式。这种盖带有螺纹和软木垫，盖内螺纹能与容器瓶口外的螺纹紧密咬合，软木垫又能让盖内底与瓶口完全贴合，从而使这两者较为紧密地封合（图1-12）。另外，螺纹盖的开启也非常方便，因而发明不久即得到广泛应用。

皇冠盖由威廉·培恩特发明，并于1892年获得专利。由于瓶盖带有一个波纹状的短裙边，形似皇冠而得名（图1-13）。这种金属盖边上起皱而与瓶唇吻合，不用开瓶器很难随意开动。基于其具有良好的密封性能，能长期严密保压、质味不变，为饮料工业提供了另一种简捷可靠的封口方法，因此被广泛应用到玻璃瓶装的啤酒和碳酸饮料等行业中。

图1-12（左）螺纹盖

图1-13（右）皇冠盖

1.3.2 近代包装材料的大变革——塑料的出现

第一种人工开发的塑料——赛璐珞出现于1869年，它由硝化纤维素经植物油和樟脑软化制成，是美国人海厄特在寻找材料替代象牙制作台球的过程中发明的。赛璐珞轻便、坚韧、耐水、耐油，成本低，不仅适于制作台球、电影胶片等物品，而且也是制作各种包装容器的优良材料。赛璐珞的出现开启了塑料包装材料的大门。而后，随着第一种完全合成的塑料——酚醛塑料的发明和聚苯乙烯（PS）、聚氯乙烯（PVC）的先后出现，塑料包装材料得到进一步发展。进入20世纪三四十年代后，随着石油化工业的飞速发展及二战军需物资对包装材料的需求，促使近代包装工业由此进入"塑料时代"。自此，塑料因其轻便、易成型、成本低等优点，被广泛用作包装材料。

1.3.3 玻璃包装的发展

早在公元前16世纪，古埃及人就已发明了玻璃容器。到公元前1世纪，罗马人发明了吹制玻璃的方法，为制作各种形状的玻璃容器提供了可能。1809年，法国人阿贝尔发明了用玻璃瓶保存食品的方法，玻璃罐头应运而生。到19世纪后半叶，在商店、杂货店中出售的许多商品都采用了玻璃瓶作为包装。欧文斯在1903年成功研制出的全自动玻璃制造机，使玻璃瓶的生产成本大幅度降低，从此，玻璃瓶很快被广泛应用于食品、药品、化工产品等领域，如大规模生产的瓶装啤酒开始走进千家万户。

1.3.4 印刷标签的广泛应用

包装标签是包装传递信息的重要手段，它通常处于产品或包装上的显要位置，向顾客介绍产品的名称、出处和特色。古代商人早已发现了它的作用，并使用手工书写的标记。进入18世纪后，随着造纸机的发明和平板制版原理的掌握，印刷标签的产量得到了大大提高，此后越来越多的厂商使用印刷标签来吸引顾客，扩大销售量。如1793年西欧一些国家开始在酒瓶上挂、贴标记和标签；1817年英国药商行业

图1-14（左）马提尼酒标

图1-15（右）亨氏包装标贴

规定有毒物品的包装要有便于识别的印刷标签。当今世界许多著名品牌的标签早在19世纪就已经出现，如马提尼酒标出现于1848年，亨氏包装标贴出现于1869年等（图1-14、图1-15）。

1.3.5 包装标准化生产的新纪元

标准化是指在经济、技术、科学及管理等社会实践中，对重复性事物和概念通过制定、发布和实施标准达到统一，以获得最佳秩序和效益的一种制度。

近代包装的生产打破了古代纯手工制作包装的个性化，向标准化迈进，为现代包装的批量化、智能化生产打下了坚实的基础。两次世界大战中，军火工业及军需品的飞速发展和长途转运的需要，促使世界上第一个运输包装标准的制定，从而打开了包装标准化生产的新纪元。

图1-16 压模折叠纸盒

1.3.6 包装形式的多样化

近代包装中，除了塑料、螺纹盖、皇冠盖等重要发明之外，还出现了许多新的包装形式。如1800年出现的机制木箱，方便了包装的运输；1810年英国发明的镀锡金属罐（俗称马口铁罐）具有良好的密封性，便于食品保存；特别是1879年美国制造的机制压模折叠纸盒（图1-16），使包装在运输过程中最大限度地减少了占用空间，这种可拆卸的包装方式适合市场销售，因此一直沿用至今。而后还相继出现了诸如冷冻食品包装、机制纸袋与麻袋等多种包装形式。

1.4
现代包装

进入20世纪后，在高速发展的科学技术和全球化商品经济的影响下，包装的发展迈入了一个全新时代。

与传统包装相比，现代包装发生了根本性的变化。强大的科学技术使现代包装发展成为一个更为完整的体系。现代化生活和日趋激烈的市场竞争，促使包装的发展形成了以迎合市场、引导消费、满足包装的物质功能与人的精神需求为中心的趋势。同时，在"整体设计"理论和"定位设计"理论的影响下，现代包装集设计、生产、管理、销售、流通、回收于一体，形成了一个专门的工业体系。

此外，从20世纪后半叶开始，包装工业开始重视包装与环境、人类健康及社会的和谐关系。

1.4.1 新的包装材料和包装技术不断涌现

进入20世纪，随着现代科学技术的发展，新的包装材料和包装技术不断涌现，并得到广泛应用，给包装行业带来了革命性的变化。

20世纪50年代，发明了合成纤维、复合材料、聚乳酸等包装材料，及气体喷雾、真空和换气保鲜包装技术。70年代，聚酯材料和食品无菌包装、脱氧包装技术问世；80年代，又出现了自热、自冷罐头包装；90年代，纳米技术、RFID技术、智能化技术等高端技术也开始应用于包装，使包装的科学性和适用性有了显著提高。

1.4.2 包装机械的多样化和自动化

第三次科技革命后，现代包装工业有了进一步发展，包装机械开始向多样化、自动化的方向发展。

20世纪三四十年代后，包装机械种类日趋增多，功能日益强大，并且向半自动、全自动方向发展。进入80年代后，一机多能、高速、小型化的全自动包装生产

图1-17 自动封箱机

线开始普及，其中最常见的包装机械有自动捆包机、自动封箱机、自动灌装机、真空包装机、贴体包装机，以及一机多能的平压式模切机等（图1-17），使包装行业得以高效、高质生产，从而节约了大量的劳动力。

知识点链接

第三次科技革命：是人类文明史上继蒸汽技术革命和电力技术革命之后的又一次重大飞跃。在它的起讫时间问题上，学者们大体持两种观点：一种观点认为始于二战后初期，50年代中期至70年代初期达到高潮，70年代以后进入一个新阶段。另一种观点认为，其发生于20世纪40～60年代，70年代以后的科技革命是第四次科技革命（或称"新科技革命"）。它是以原子能、电子计算机和空间技术的广泛应用为主要标志，涉及信息技术、新能源技术、新材料技术、生物技术、空间技术和海洋技术等诸多领域的一场信息控制技术革命。

1.4.3 包装印刷技术的数字化

由于电子、激光等现代科学技术不断运用到印刷领域，印刷设备及工艺得到迅速改进，包装装潢日趋清晰、精美，制版和印刷的速度也大大加快。进入21世纪，包装印刷迎来了电子控制和自动化时期，电子排版、电子分色、电子雕版广泛应用，印刷质量和效率都得到了极大提高，使得传统工艺难于完成的小品种、多变化印刷得以顺利实现。

随之，许多传统企业也开始引进数字印刷技术。数字印刷是指将各种原稿，如文字、图像、电子文件和网络文件等输入计算机进行处理后，可直接通过网络传输到数字印刷机上进行印刷的一种新型工艺，而无需经过传统印刷工艺中的出胶片、冲片、打样、晒PS版等工序。

另外，一些数字印刷需要将原稿制成印版，这需要借助电脑制版机来实现。制版前，先在电脑上进行分色，印版制好后，可以直接进入印刷工序进行印刷，除了上纸、加油墨和抽样检查等环节需人工完成外，其他许多环节都由电脑控制，这种数字印刷的速度可达每小时14000印张以上。

1.4.4 现代包装设计理论的系统化

进入20世纪中叶后，现代包装设计领域出现了较为系统的定位设计理论和整体设计理论。定位设计是20世纪60年代末出现的一种设计理念，现在已成为指导国内外包装设计师进行设计实践的重要理论和方法。定位设计包括三个方面：品牌定位、产品定位和消费者定位，通俗地讲，就是"我是谁"、"卖什么"、"卖给谁"。整体设计以系统论为理论指导，把包装看做一个特定的、完整的系统，进行全方位的构思和设计，即认为包装不是孤立的，而是和企业文化、产品、销售、市场、消费者等紧密联系的一个整体。如可口可乐品牌的创立是成功运用整体设计理论的经典案例。

知识点链接

系统论：系统思想源远流长，但作为一门科学的系统论，人们公认是美籍奥地利人、理论生物学家L.V.贝塔朗菲（L.Von.Bertalanffy）创立的。系统论是研究系统的一般模式、结构和规律的学问。它强调整体与局部，局部与局部，系统本身与外部环境之间互为依存、相互影响和制约，具有目的性、动态性和有序性三个基本特性。

1.4.5 包装设计手段的最优化

20世纪30年代后，随着计算机的发明及科技的迅猛发展，包装设计借助计算机网络技术、信息传输技术等手段，朝着最优化方向发展。这些设计手段的应用及各种包装设计软件的不断完善，不仅大幅度减轻了设计工作者的劳动量，缩短了设计周期，同时也降低了设计成本。此外，网络化、信息化手段也为设计调研、资料收集、设计推广等提供了方便，从而大大推动了现代包装的发展。

1.4.6 包装测试的科学化

包装测试，是一种评定包装产品在生产和流通过程中的质量指标的手段。它包括包装测量和包装试验两个方面的内容。包装测量是检测并量度包装产品在流通过程中的位移、速度、外力、温度等物理量的方法；包装试验是测试包装产品在特定环境或负载下的物理、化学变化的方法，如模拟运输环境，测试包装产品的动、静态性能等。

传统的包装测试必须在包装产品流通过程中进行，因而价格昂贵，且难以得到科学的测试数据。随着微型电子计算机技术的发展，计算机模拟测试代替了传统的测试方法。运用计算机模拟包装产品在流通中的活动情况，不仅降低了测试成本，更确保了测试结果的准确性。以下介绍两种包装测试方案的具体实施方法：

（1）包装件性能测试

常见的包装件制成后，一般需要经过大量的测试试验来检测其各项性能，如垂直冲击试验、防震性能测试试验、纸箱抗压性能试验及跌落试验等，采用如图1-18所示测试仪器。其中，垂直冲击试验是一种检测包装件在受到震动和冲击后的强度的试验。

试验时，先将包装件放置在试验台上，同时将灵敏的传感器固定在试验台上。然后，通过绳索将包装件垂直提升到一定高度后，快速地停止垂直方向的牵引力，使包装件做自由落体运动，最后落至试验台上。整个试验的数据将通过传感器收集并传送至与控制台相连的电脑上，与此同时，电脑绘制出包装件在垂直冲压过程中时间与冲击强度关系的曲线。通过对关系曲线的分析，设计人员能很方便地得知该包装件抗冲击强度，并据此制定出提高强度的相关措施。

（2）纸包装材料性能测试

材料性能的测试是包装系统中的一个重要环节，它为包装设计提供准确、科学的试验数据。纸包装材料的测试试验主要对撕裂度、耐折度、平滑度和白度等性能进行测试。其中，纸的耐折度性能测试首先需将纸分切，以获得符合实验规格的试样纸，然后，将其固定在测试机上，并设定初始张力。开机后，试样纸在滚轴间作近似180°的反复折叠。在不断折叠的作用下，试样纸内部的纤维结构逐渐松散、结合力下降，直至在初始张力作用下断裂（图1-19）。这个试验通过反复折叠的次数和初始张力两个因素来确定耐折度的大小。另外，撕裂度的测试实验主要是测试将纸撕开一段距离所需要的力的大小。

图1-18（左）包装跌落测试机

图1-19（右）耐折度测试仪

2

包装与生活

包装是人类物质文明和精神文明共同发展的产物，与人类的生活方式、生活质量息息相关。随着生产力的发展和人们生活水平的提高，各种新的包装理念和方式已悄然走进我们的日常生活，改变着我们的生活方式。同时，作为一种实用性的艺术形式，它也为我们构建了一种更为便捷科学的饮食、购物与休闲方式，以及一个相对美好的生活环境。而当今社会，包装正以其独特的艺术魅力影响着人们的情感和观念，并使得包装与当代生活方式的交融关系更加和谐。

2.1
包装与饮食

　　随着物质生活水平的提高，包装不仅满足了人们对基本生活层次的追求需要，而且还给人们带来了许多细致的人文关怀，从众多方面影响或改变了人们的饮食方式和习惯。如方便快餐包装、矿泉水包装、冷冻食品包装等，使人们的饮食行为变得便利快捷、科学合理。

2.1.1 方便卫生的快餐包装

　　快餐包装出现之前，人们多用铝制或塑料餐盒带餐，铝制餐盒较重，携带不便，塑料餐盒清洗则比较麻烦。20世纪80年代初出现的一次性塑料餐盒，因其轻便、用毕即弃，很快成为多数上班族的选择。但后来发现这种包装不易降解，易产生有害物质，它的大量使用给环境带来了极大的危害。当前，在绿色环保组织的呼吁下，越来越多的人选择用环保快餐包装代替一次性塑料餐盒（图2-1、图2-2）。如肯德基、麦当劳的外卖快餐包装。

图2-1 环保快餐包装

图2-2 环保快餐包装

2.1.2 包装与饮水的新方式

自矿泉水包装出现后，人们的饮水方式便发生了一定的变化。它改变了以往需借助一定器具饮水的方式，但从严格意义上说，它不能满足社会发展过程中人们对健康、优雅的生活方式的需求。而新的矿泉水包装就很好地满足了这种需求，而且越来越向人性化的方向发展。

例如，常见的屈臣氏蒸馏水包装带有独特设计的双重瓶盖（图2-3、图2-4）。饮用时，可以先将水倒入外层的大盖子里，它不仅改变了人们直接对着瓶嘴饮用矿泉水的方式，而且解决了卫生问题。还有法国依云矿泉水包装，瓶盖上有个可提携的环，打开瓶盖后，露出里面的喝水口，用手捏瓶体喷入口中，喝完将盖卡上，利用塑料的弹性搭扣锁住，既卫生又方便（图2-5、图2-6）。

图2-3（左）双重瓶盖的饮水包装

图2-4（中左）双重瓶盖的饮水包装

图2-5（中右）挤压式矿泉水瓶盖结构

图2-6（右）挤压式矿泉水瓶盖结构

2.1.3 定量取用类包装

以往的酱油、醋等调味品常用带木塞或塑料塞的包装容器盛装，但倾倒时不易控制流量，而且瓶口常有残留物，造成污染，给我们的生活带来不便。定量取用类包装的出现，成功地解决了流量控制的难题。其具有定量取用、密封性好、使用便捷、方便卫生等优点，常被用于沐浴露、洗手液等日化用品，酒类、酱油、醋等液态调味品。如加加酱油的包装，它的瓶盖呈倒立的漏斗形，内部的小口控制流量，外口使过量的酱油回流瓶内，减少了瓶口的残留物（图2-7、图2-8）。

图2-7（左）定量取用的洗手液包装

图2-8（右）可控制流量的酱油瓶盖

包装与生活 **19**

2.1.4 可直接加热的"罐头"包装

　　工业革命以来，世界贸易日益繁荣，长时间生活在船上的海员，因吃不上新鲜蔬菜、水果等食品而易患各种病，尤其是坏血病。为解决这个难题，法国人阿贝尔发明了罐头包装，这就是现在常见的玻璃罐头、金属罐头的雏形，但这种罐头包装不能直接加热食用。

　　20世纪50年代，美国成功研发出一种新型的"罐头"包装——蒸煮袋，如图2-9、图2-10所示，它由三层材料复合而成。外层为硬度较好的聚酯膜；中层为防光、防湿和防漏气的铝箔；内层为聚烯（xī）烃（tǐng）保护膜。这种食品包装能直接加热，兼具罐头容器和耐沸水塑料袋两者的优点，因此又称为"软罐头"，它的出现给人们的生活带来了很大便利。

图2-9（左）食品蒸煮袋

图2-10（右）食品蒸煮袋

2.1.5 彰显人文关怀的易开式包装

　　人们在享用美味的食品时，偶尔会打不开包装，或者大费周折才能打开包装，食物却撒了一地，而易开式包装的出现解决了这一问题（图2-11、图2-12）。

图2-11（左）易开式电池包装

图2-12（右）拉环式啤酒盖

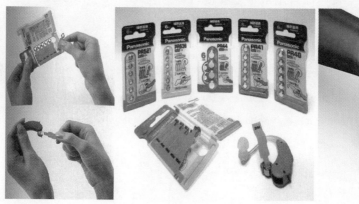

常见的易开式包装有易开瓶、易开罐、易开盒，它们多采用拉环式、拉片式、卷开式、撕开式、扭断式、拉链式等开口形式，例如拉链式袋装酒包装。除了食品，易开式包装还广泛应用于日用品、药品等领域。其既封口严密，又开启方便，给人们的生活带来了极大便利。

2.1.6 提高生活质量的冷冻食品包装

随着生活水平的不断提高，人们对饮食的要求已由温饱型转向营养型。很多人都希望能随时品尝到不同地域的新鲜食品，这就对食品的储运提出了挑战。冷冻食品包装的出现有效解决了这一难题。这种包装形式是在传统瓦楞纸箱内外包装上衬以复合树脂和铝蒸镀膜，或在纸芯中加入发泡树脂，使其具有优良的隔热性能，从而防止食品在运输途中因温度的升高而变质。一般来说，冷冻食品包装适用于水饺、乳制品、海鲜、肉类等包装（图2-13、图2-14）。

图2-13（左）速冻包装
图2-14（右）速冻包装

2.2
包装与购物

在现代社会，购物已成为人们日常生活中不可缺少的一部分。随着商品包装的不断发展，购物方式也发生了翻天覆地的变化，使购物由原始的以物易物，采用货币交易购物，发展到今天的网络化商品购物。购物方式的改变，促使商品包装发生了相应变化。在向舒适、便利的方向发展的同时，包装也提高了人们的工作效率和生活质量。

2.2.1 影响消费心理的包装装潢

随着商品竞争的日趋激烈，包装装潢的目的已不仅仅是识别商品、美化包装，更重要的是它能激发消费者的购买欲，促进销售。如彩色印刷包装，不同的色彩会使人产生不同的心理反应（如红色带来喜庆吉祥，紫色彰显高雅与华贵）。因而，在包装装潢中运用特定的色彩关系，发挥各种色彩特有的心理作用，就能使人们乐于接受，并产生购买行为。特别是当今，在人们的物质和文化生活水平不断提高的情况下，包装与装潢已成为消费者购买商品时考虑的重要因素。

2.2.2 方便储运的集合包装

以往人们通常用篮子或袋子盛装零散的鸡蛋等商品，在提拿过程中稍不留意，就会使紧挨着的鸡蛋等商品因挤压而破碎，这给人们购物带来极大不便和心理压力。而随着新的包装形式的出现，这种提拿不便的情况得到了很大改善。如利用钙塑、纸浆模塑、瓦楞纸板等制成的托盘，根据产品的大小制作出适当的、排列有序的凹槽，从而使放入凹槽的产品得到很好的固定，以便携带，如图2-15、图2-16所示，这种方便储运的包装被称为集合包装。

图2-15（左）纸浆模塑鸡蛋盒

图2-16（右）纸浆模塑鸡蛋托

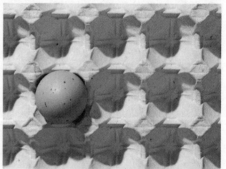

集合包装是20世纪50年代发展起来的一种新型包装方式，是指将一定数量的零散产品或包装件组合在一起，形成一个牢固的包装。它使包装对象的空间得到充分利用，既能有效地保护商品，又便于提拿搬运。

2.2.3 省力的提携式包装

人们购买了袋装、瓶装、桶装等大件商品后，最担心的事情就是搬运。由于这些商品体积大、比较重，只能用抱或抬的方式搬运，往往非常费力。随着人性化设计的日益受到重视，出现了一种省力的提携式包装。

图2-17（左）便携包装

图2-18（右）便携包装

提携式包装，也称为携带型包装，是指装有提手的包装瓶、包装袋、包装盒等。包装提手可以附加，也可以由包装的盖或侧面的延长部分构成，如图2-17、图2-18所示。这种包装形式最大的特点就是便于携带，使人们搬运、移动商品时省力。后来，在单件提携式包装的基础上，又出现了多件结合的提携式包装。

2.2.4 便于选购的开窗式、陈列式包装

购买商品前，人们总希望能更多地了解商品的信息，如颜色、形状、质地等，再决定是否购买。但有些包装却将商品完全裹包起来，使人们无法直接观察到商品的"庐山真面目"。而开窗式、陈列式包装有很好的展示、陈列效果，人们可以直接看到或者接触到里面的商品，便于人们进行识别和挑选（图2-19、图2-20）。

开窗式包装是指在包装的展销面上切去一部分，或在切去的部分蒙上透明的材料，如塑料或玻璃纸等，使消费者能见到产品的一部分或全部。陈列式包装，是一种将产品直接露天陈放，充分显示出产品形态的包装，其中，有的陈列式包装带有盖，展销时将盖打开，运输时又可将盖合拢。

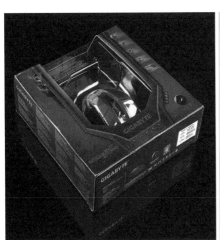 

图2-19（左）表开窗包装

图2-20（右）玩具开窗包装

2.2.5 方便省时的保鲜包装

人们购买蔬菜等食品时，需经过挑选、称量、包装等步骤；尤其是购买肉类食品时，需分切、称量等。整个过程较繁琐，花费时间较长，有时还会不可避免地直接与食品接触，这样极不卫生。

为满足人们方便、省时和卫生的购买需求，市场上推出了预先称量并用保鲜膜包裹的新鲜肉类和时蔬等食品（图2-21、图2-22）。出售前，将一定量的新鲜蔬菜、水果、肉类、海鲜等食品放在托盘上称量，再用保鲜膜进行裹包、密封，并贴上标签。购买时，人们只需根据标签来选择数量合适、价格适宜的食品，这样既省去了称量、包装的过程，又节省了时间，而且更加卫生。

图2-21（左）保鲜包装

图2-22（右）保鲜包装

2.2.6 成组成套包装

由于家庭生活的需要，人们时常需购买一些不同样式和型号的商品，如不同花色的毛巾、不同功用的炊具等。如果分开来购买这些商品，挑选起来十分麻烦。自从成组成套包装出现后，人们就不必为此烦恼了。

图2-23（左）成组成套包装

图2-24（右）成组成套包装

成组成套包装是指把同类或相关产品组合成套或成组的销售包装。如不同口味的食品、整套餐具、五金工具的成套包装等（图2-23、图2-24）。这种包装通过巧妙的设计，把功能相同、类别不同的商品组合在一起，方便人们一次性购买到多种规格的商品。成组成套包装还可以将几个独立包装组成特殊的造型或完整的图案，如非常流行的包装成蛋糕一样的毛巾。

2.2.7 一举两得的可替换包装

通常情况下，商品用完后，包装一般不再重复使用，这在一定程度上增加了消费者的负担，造成了资源的浪费。随着环保意识的增强，商品包装的如何处理成为设计师需要考虑的问题。

目前，市场有这样一种包装，被称为可替换包装，即商品用完后，可再次装入同种商品的包装。如金纺衣物护理剂的原包装，它是带柄的HDPE塑料壶，护理剂用完后，可往壶内补充装入新的袋装护理剂（图2-25、图2-26）。可替换包装多用于洗浴用品、化妆品等的包装，它既延长了包装的使用寿命，又方便使用，还节省了一定的费用。

图2-25（左）可替换护理剂包装

图2-26（右）可替换补充包

2.3
包装与休闲

随着经济的迅速发展、生活节奏的日益加快，越来越多的人们希望通过轻松的旅游休闲活动来缓解身心压力。面对这一趋势，市场上出现了品种繁多的旅游休闲商品，而轻便的包装形式在其中扮演了重要角色，为人们出行带来极大的方便，同时可获得更多的精神享受。

2.3.1 包装与纸巾取用的新方式

卷筒纸是生活必需品之一，取用时轻松扯断即可，给人们的日常生活带来便利，但外出或旅行时却不便使用。小型包装纸巾的出现，极大地方便了人们出行，常见的有迷你纸巾、"钱夹式"纸巾和抽取式湿纸巾等。取用迷你纸巾或抽取式湿纸巾时，只需揭开封口胶贴抽取，抽取后，将胶贴封好以便保存。这种取用方式既方便又卫生。"钱夹式"纸巾一般为2~10片装，取用时打开"钱夹"包装抽取，用完丢弃即可，十分卫生（图2-27）。这些包装形式大大方便了人们旅游休闲。

2.3.2 方便旅行的适量小包装

外出旅行时，携带大容量包装的日常用品十分不便，如牙膏、茶叶等。一般情况下，这些日用品会有剩余，丢弃后造成浪费，带回又给人们带来负担。自适量的小包装出现后，旅行的人们就不必为此烦恼。

适量的小包装考虑到一人使用或一次性用完的量，同时也考虑到包装本身的小巧、轻便（图2-28）。它适应了生活节奏加快、工作压力增大情况下人们对简单、方便的包装的需求，逐渐向便于携带和使用的小型化包装发展。目前，很多日常生活用品和食品采用了适量的小包装，如小袋装洗发水、小盒牙膏、易拉罐饮料、袋装熟食和茶叶包等。

3

包装与环境

包装虽然便利、美化了人们的生产生活，促进了社会的发展，提高了人们的生活质量，但由于其在生产过程中需要消耗资源，且在使用之后所产生的废弃物会污染环境，所以，如何减少包装对资源的浪费和对环境的影响，越来越受到人们的关注和重视。当代，在解决包装与环境的关系上，逐步形成了一套从用材、生产、消费到废弃物回收处理的系统理论和方法。它绝不是单纯地考虑如何处理包装废弃物，而是要综合考虑人们因需求包装产品所引发的资源成本、经济成本和环境成本问题。

知识点链接

资源成本 是指在经济活动中被利用消耗的资源价值。它包括一次性消耗成本，如不可再生的矿产资源和多次消耗性成本，如土地资源。

经济成本 是企业投入生产经营过程中的各项费用的显性成本和比较隐蔽的机会成本的成本总和。

环境成本 是指在某一项商品生产活动中，从资源开采、生产、运输、使用、回收到处理，解决环境污染和生态破坏所需的全部费用。

3.1

包装理念

新中国成立后，随着综合国力的提升，生活水平的提高，人们越来越重视商品包装。20世纪90年代，由于受消费者过分重视包装的心理和商家追求高额利润的销售策略的影响，发达国家曾出现过的过度包装现象在我国悄然出现，这不仅助长了奢侈之风，而且造成了资源的极大浪费。进入21世纪，针对过度包装，在绿色包装理念的基础上，我国又提出了重在节约的适度包装和生态包装理念，旨在使包装的每个阶段都符合社会的可持续发展。

3.1.1 什么是过度包装

每逢中秋佳节，人们一般会选购包装精美的月饼馈赠亲友。然而，有些月饼的包装盒大而豪华，但实际上数量少、分量轻。这种所谓的"精美月饼包装"其实是一种典型的过度包装。

过度包装是一种功能与价值过剩的商品包装。它耗材过多、体积过大、成本过高、装潢过于华丽，说词又言过其实，使消费者产生一种名不副实的感觉。过度包装既损害了消费者的利益，又浪费了宝贵的资源。它所产生的包装废弃物严重地污染了环境，破坏了人与自然的和谐关系，不符合环保要求。

下面我们来看两则关于过度包装的小故事：

故事一：月饼傍上茶叶和红酒

主角：郑州西区的一家大型超市

具体内容：在郑州西区的一家商场内，记者看到一月饼商家销售的一盒月饼内，仅仅放了4块个头小的月饼，空荡荡的盒子内，装了一小盒茶叶和一瓶红酒，标价高达688元。这种情况下，商家一般都会盛装一些品质不是很好的茶叶和红酒，加上4块月饼，喊出这样的价格，却也吸引了不少顾客。在另一月饼商家里某品牌推出的一款珍品礼盒，堪称单价最贵月饼，一盒内装8块月饼的售价为1288元，采用铁盒包装，其中包含了血燕白莲蓉、燕窝白莲蓉等7款口味。见顾客路过，营业员赶忙兜售："这是我们推出的滋补月饼，里面含有鲍鱼、人参、燕窝等名贵补品，自己吃或送人都很好的！"记者看到，所谓的滋补月饼，包装都很精美，看上去非常高档，这些滋补月饼的价格都在千元左右。记者打开一盒鲍鱼月饼，看到里面大约有8块精致的小月饼。记者在现场采访了多名顾客，问他们是否愿意花费那么多的钱买这样的月饼，大部分人纷纷摇头，表示这些月饼根本不值那么多的钱："真不相信吃一个月饼可以滋补到哪里去，到海鲜市场买一堆鲍鱼也用不了那么多的钱，纯粹是面子问题。"也有人表示，这样的礼品都是送礼才买的，自己吃一般都舍不得花费那么多的钱，仅仅因为包装精美就要多花那么多钱实在不值。

关于月饼的过度包装，我国有具体的强制性国家标准：包装成本应不超过月饼出厂价格的25%，单粒包装的空位应不超过单粒总容积的35%。

故事二：北京"过度包装第一案"

主角：北京美廉美超市

具体内容：田先生在起诉书中称，去年11月12日，他在美廉美三里河店花费387元购买了由惠氏制药有限公司生产的钙尔奇添佳片礼盒和善存佳维片礼盒各两盒。打开包装后，田先生发现，里面只有两小瓶保健品，产品孔隙率不符合国家《限制商品过度包装要求》的强制性规定。"根据国家规定，保健食品的孔隙率不能超过50%，但我买的礼盒孔隙率超过70%"，田先生认为，美廉美超市构成欺诈，应当返还货款并加倍赔偿。

美廉美超市指出，产品本身没有质量问题，他们有正规的进货渠道，并已经尽到了相关义务，因此不构成欺诈。厂家惠氏制药以及代理商北京朝批商贸股份有限公司作为第三方卷入此案。他们称，产品的外包装获得了相关部门的批准和许可，而且外包装上也明确标明了礼盒内产品的数量和名称。田先生是可以从外包装上看到产品的规格和净含量等信息的，而且产品本身没有质量问题，因此不存在采取虚假或者其他不正当手段欺诈和误导消费者的行为。

但是事实上，美廉美超市销售的礼盒违反了我国《限制商品过度包装要求——食品和化妆品》的规定，而且已被主管部门认定是过度包装，因此法院判令美廉美超市向消费者退还货款387元。

3.1.2 什么是适度包装

相对于华而不实的过度包装来说，适度包装是一种既能充分体现包装的各项功能，又不浪费资源且便于回收再利用的包装。它强调保护功能得当、使用材料适宜、体积容量适中以及费用成本合理。

与过度包装相比较，适度包装有许多优点。它在不损害商品包装功能的基本原则下，一般采用简易、小型的包装，使包装更轻便。适度包装还需与环境相适应，通过对包装材料的回收处理，转化成再生资源，将包装产生的废弃物的处理成本、环境负荷控制在最低限度。

经典的适度包装属利乐包，因为与塑料瓶、玻璃瓶相比，它更能有效地利用空间，而且这种包装更易于装箱、运输、存储和回收再利用。

3.1.3 什么是绿色包装

绿色包装理念是20世纪80年代，针对因塑料等包装废弃物产生的"白色污染"而提出的。它是指对生态环境和人体健康无害，能循环使用和再生利用，可促进社会持续发展的包装方式。绿色包装要求做到：

（1）减量化。在满足保护、储运、销售等功能的同时，还要尽量减少包装材料的使用；

（2）重复利用。经过适当处理，能重复使用；

（3）可回收再生。废弃的包装进行回收处理，可再生利用；

（4）资源再生。焚烧后可获取能源和燃料；

（5）可降解腐化，不会形成永久垃圾。

此外，绿色包装还要求包装材料对人体和生物无毒害。

常见绿色包装有云南民间的 "草绳串鸡蛋"、纸浆模塑包装等，如图3-1、图3-2所示。

图3-1（左）草绳串鸡蛋

图3-2（右）纸浆模塑包装

3.1.4 绿色包装的重要性

随着工业化、现代化建设的迅速推进，资源供需矛盾日显突出，生态环境日益恶化。其中，包装材料的浪费和包装垃圾的堆积、污染，严重地威胁到我们赖以生存的生态环境和自然资源。而绿色包装的出现，极大地改善了这种现状，为实现社会的可持续发展开辟了一种有效途径。

绿色包装采用可回收再利用的材料，防止包装废弃物对自然环境的污染，既节约了资源和能源，又保证了商品的安全卫生。

3.1.5 绿色包装标志

世界上第一个绿色包装标志是1975年在德国问世的"绿点"。"绿点"标志是由双色箭头组成的圆形图案，表示该产品或包装是"绿色"的，可以回收使用，符合生态平衡、环境保护的要求。1977年，德国政府又推出"蓝天使"绿色环保标志，将其授予那些具有绿色环保特性的产品或包装企业。此后，许多国家也开始使用包装的环保标志，如加拿大的"枫叶"，日本的"爱护地球"，美国的"自然友好"，欧共体的"欧洲之花"，丹麦、芬兰、挪威等北欧诸国的"白天鹅"，新加坡的"绿色标志"，新西兰的"环境选择"等。我国也有用于包装的环保标志，如"绿色食品"标志（图3-3、图3-4）。

图3-3（左）中国环境科学学会绿色包装标志

图3-4（右）绿色食品标志

3.1.6 包装的生命周期评价法

在人们印象中，塑料包装是造成白色污染的"罪魁祸首"，而纸包装才是绿色包装的主流。虽然纸包装的废弃物容易降解，便于回收利用，不会对环境造成污染，但造纸产生的废液却能污染河流。所以评价包装的成败得失，不应局限于某个环节，而应综合考虑整个过程，于是包装的生命周期分析法就应运而生了。

生命周期分析法就是通过对能量、原材料消耗以及废弃物排放的鉴定及量化来评估一个产品、过程或者某项活动对环境带来的负担的客观方法。在评价某种包装时，要考察其在开采自然资源、加工制造成产品、使用废弃后回收处理、回到自然环境的整个封闭循环系统中，总共消耗了多少能量，产生了多少有害物质。

3.1.7 生态包装

20世纪堪称人类历史上一个前所未有的大发展的世纪，也是一个大破坏的世纪，它突出地表现在社会经济高速发展的同时，对资源的掠夺性开采和对环境的严重污染。环境的恶化极大地威胁到了人类的生存状态，这一严峻形势促使了生态包装理念的形成。

生态包装，又称可持续包装，是指为了节约包装材料，减少包装废弃物而鼓励使用的可重复利用、循环再生的商品包装。生态包装要求包装材料使用后，即使不

图3-5 天然粽叶包装

回收，直接丢弃，也不会对环境造成影响。生态包装理念要求设计师把目光扩展到包装的整个生命周期，力求包装在生命周期的每个阶段都能符合生态学的要求，有利于可持续发展。典型的生态包装有：传统的生态包装，如松花皮蛋的稻草包装、天然粽叶的粽子包装等（图3-5）；现代生态包装，如日本的粽子寿司、法国的甜菜生态包装等。

3.2
包装回收

包装回收是包装循环系统中非常重要的环节，一方面，包装废弃物通过回收再利用，可以有效地节约自然资源及能源；另一方面，包装回收可以较大限度地减少包装废弃物对环境的影响和破坏。在包装回收体系中，最重要的是如何处理、回收再利用包装废弃物。

3.2.1 包装回收的重要性

随着经济的发展和人们生活水平的提高，我国每年需消耗大量木材、钢材、塑料等材料用于产品包装。据调查显示，包装垃圾占到生活垃圾的一半左右。我国每年都有大量的物资用于产品包装，消耗的纸和纸板达240万吨、木材达500余万立方米、铁桶用钢材36万吨、包装用布2亿多米、麻袋4亿多条、酒瓶20多亿只、水泥袋12亿只（折合牛皮纸30余万吨）。此外，还消耗大量的马口铁、铝材、塑料等包装材料。

面对这些严峻的问题，包装回收势在必行。因为包装回收不仅可以节约原材料和能源，还可以减少包装废弃物，避免环境污染。大量的废弃包装不仅造成了资源的浪费，还对社会环境和自然环境造成严重的影响。包装回收不仅可以节约原材料和能源，创造经济效益，而且还可以减少包装废弃物，防止环境被污染。

相关统计表明，全国一年回收纸板箱14万吨，可为国家节约生产相同数量纸板所需的煤8万吨、电4900万千瓦时、木浆和稻草23.8万吨、烧碱1.1万。一年回收木制包装折合木材18万立方米，可建简易仓库250万平方米，相当于每年少砍伐约7万亩森林。一年回收玻璃瓶10亿只（约重3.5万吨），就可节约生产相同数量玻璃瓶所需的煤4.9万吨，电3850万千瓦时，石英石4.9万吨，纯碱1.57万吨。此外，一年回收各种铁桶400万只，可节约钢材4.8万吨；一年回收包装布1亿米，可节约棉花1500万千克；一年回收各种麻袋3000万只，可节约原麻2.25万千克等。

另外，有关专家估计，目前我国已有400多座城市被垃圾包围。在这些"工业垃圾"和"生活垃圾"中，包装废弃物占40%以上。如果包装回收率达到50%，即可减少城市垃圾20%，这将对环境保护作出重大贡献。

3.2.2 为什么要对包装垃圾进行分类

近年来，一些城市街道的垃圾桶变"脸"了，由原来的一个桶变成了两个，一个是可回收垃圾桶，另一个是不可回收垃圾桶。据调查显示，包装垃圾占到人们生活垃圾的一半左右。常见的包装垃圾有很多，如废旧纸盒、塑料袋、金属易拉罐、玻璃瓶等。在这些垃圾中，有的是可回收的，如便携的塑料袋；有的则不能回收，如一些塑料餐具、电气开关和插座等。另外，有些垃圾对人体健康或环境会造成危害，如重金属或有毒包装废弃物，包括油漆桶等。

包装垃圾分类回收一方面可以把有毒、有害的包装区分开并作处理，从而减少了有毒害的垃圾进入自然环境，污染大气、土壤、河流和地下水等，这样便能最大限度地防止这些垃圾危害人们的身体健康。另一方面，垃圾分类收集还有良好的经济价值，通过回收利用，可提取有用资源加以循环使用，并转化成为可持续发展的资源。

而垃圾分类收集也有良好的经济价值：每利用1吨废纸，可造纸800千克，相当于节约木材4立方米或少砍伐树龄30年的树木20棵；每利用1吨废钢铁，可提炼钢900千克，相当于节约矿石3吨；1吨废玻璃回收后，可生产一块篮球场面积的平板玻璃或容积为500毫升的瓶子2万只；用100万吨废弃食物加工饲料，可节约36万吨饲料用谷物，可生产4.5万吨以上的猪肉。所有这些分类后的垃圾都能转化成为我们生活中可持续发展的资源。

3.2.3 我国包装回收的现状

在我国，包装垃圾回收总体状况不容乐观，除啤酒瓶和塑料周转箱回收情况较好外，其他包装废弃物的回收率相当低，还不到20%。除了大城市外，其他中小城市几乎没有对包装垃圾进行分类回收，各种包装废弃物和其他垃圾混在一起，只是通过掩埋或焚烧进行处理，难以利用其中的有效资源。

目前，中国城市人均垃圾日产量约为1.2千克，1998年全国城市垃圾清运量为11301.81万吨，此数字还在以每年8%～10%的速度增长（国家统计局，1979—1998年）。按照这个速度，四年不回收的包装垃圾可以把一个面积为20万平方千米的省覆盖1米厚。据不完全统计，中国城市生活垃圾的历年堆存量达60多亿吨，造成全国400多个城市陷入垃圾包围之中。

我国早期的国有回收体系已经解体，现在虽然有一个自发的民间回收体系，但不具有专业化分拣、处理手段。包装废弃物的分类完全靠手工分拣，达不到准确的分类标准，使后期的处理难以进行，即便处理也只能获得很原始和粗陋的产品。而且，由于没有专用的、分类的废弃物回收箱，废弃物的回收过程不仅繁复，而且废弃物普遍被再次污染。

可见，我国包装垃圾的回收现状不尽如人意，下面一则故事则可充分说明之：

来源：水母网——《烟台晚报》

水母网1月30日讯　为吸引顾客，逢年过节的礼品被商家打扮得越来越花哨。记者昨天采访发现，由于缺乏合理回收，礼品过度包装剩下的大量"外皮"，正面临难以处理的尴尬。

在市区各大商场，包装精美的"大礼盒"占据了显要位置，特别是酒类、保健类食品等，其包装材料大都由塑料、纸浆、实木、金属等构成，而有的内容物甚至不到总容量的一半。一些做工精细的包装盒还采取了雕花、镂空等工艺，有的还镶嵌着贵重金属，或"附赠"另类物品，比如食品礼盒里附赠一对情侣表。

市民苏先生的地下室里几乎每年春节都会攒一堆包装盒，今年元旦刚过，空盒子又扔了一地。他说，烟台人讲究礼尚往来，而且爱面子，亲戚朋友之间一走动，这些东西就少不了。由于包装盒不是过去那种"纸褙子"，收破烂的也不要。他感觉这些包装盒做得都挺精细，扔了实在可惜。

调查发现，尽管市区放置了一些分类回收的垃圾箱，但真正自觉将垃圾分类的市民为数并不多，更别提还要将这些做工复杂的礼品盒"肢解"，分出哪些可回收，哪些不可回收。因此，礼品盒存到了一定程度，大多数市民还是一扔了之。

有关人士表示，且不论过度包装造成的资源浪费以及给消费者凭空增加的消费成本，仅回收不当造成大量城市垃圾污染环境一项，就足够引起人们的关注。

在法律方面，从20世纪80年代起，我国就制定了相关法律，重视包装废弃物的处理与利用。如《中华人民共和国固体废弃物污染防治法》规定产品生产者应当采用易回收、处理、处置或在环境中易降解的产品包装物，并要求按国家规定回收、再生和利用；另外，《包装资源回收利用暂行管理办法》是为了促进我国国民经济可持续发展和"绿色包装工程"的实施，以达到消除包装废弃物，特别是"白色污染"造成的危害而制定的。这些年，我国的包装回收意识正积极与国际接轨，倡导绿色包装、生态包装和循环包装，做到减量化（reduce）、重复使用（reuse）、回收利用（recycle）和可降解（degradable）等。

3.2.4　发达国家包装回收的现状

一些发达国家的包装回收状况较好，如德国、美国、日本等。德国是世界上最早推崇包装材料回收的国家，并率先制定了循环经济法。数十年前，德国就开始倡导商品"无包装"和"简包装"，如果厂商对商品进行一定包装，就须缴纳"废品回收费"；而消费者若想扔掉包装，须交纳"垃圾清运费"。德国还实行过强制性的押金制度，要求对于包装不能反复使用的饮料，零售商要向消费者收取押金，等收回包装后再退钱。实施这些包装回收制度后，马口铁回收率达50%，瓦楞纸回收率高达95%，废报纸综合回收率为78%。

早在20世纪60年代，美国就已关注包装与环境保护问题，一些州政府采取法律措施强制回收包装废弃物，掀起了生态保护运动。美国至今已有37个州分别立法并各自确定包装废弃物的回收定额。近10年时间，美国通过对包装废弃物的回收，创造了40多亿美元的财富。

1993年以前，日本72%的包装废弃物作为能源焚烧。随后日本政府制定了《能源保护和促进回收法》，强调须生产可回收的包装和有选择地收集可回收的包装废弃物，实施效果较好：97%的玻璃酒瓶和81%的米酒瓶被回收利用，兴建了5个年回收处理1000吨塑料的工厂。

3.2.5　如何对包装垃圾进行回收再利用

对包装材料进行回收，使得众多的包装废弃物能够被多次反复利用或者作为原材料重新利用起来，而且，随着处理工艺的不断改进、提高，每种材料的回收成本日益降低。这不仅较大限度地节约了资源，且有效地改善了日益恶化的生存环境。

首先可以推广"生产者责任制"管理模式，促使生产厂家参与到包装回收利用环节中来。对包装资源进行回收并充分利用，无疑是企业、社会、消费者各个方面所希望做到的，然而考虑到包装回收和处理过程中较大的经济耗费，小型企业往往很难参与其中。通过多方面的努力使更多企业参与到回收其产品包装废弃物的流程上来，是从源头上进行包装回收利用的一种手段。

对包装垃圾进行分类是方便回收利用的主要方法，政府和企业不可能对每个人的垃圾都进行分类处理，垃圾回收的前提是每个公民必须自己对垃圾进行分类。因此，处理垃圾必须是全民参与、举国参与的事情。法国人对垃圾进行分类是从小养成的观念，在日本等一些发达国家，不对垃圾进行分类的住户甚至会被罚款。

当然最重要的还是提高大众的环保意识。在美国，每年的11月15日定为"回收利用日"，各州也成立了各式各样的再生物资利用协会和非政府组织，开设网站，列出使用再生物资进行生产的厂商，并举办各种活动，鼓励人们购买使用再生物资的产品。如果每个人都积极参与包装废弃物回收，包装垃圾的问题将在很大程度上得到缓解。

3.2.6 包装垃圾回收后可以做什么

我们每天大量丢弃的饮料瓶、塑料袋、一次性塑料餐盒，它们属于高分子聚合有机物。据科学家测试：塑料袋埋在地下需要200年以上才可降解并会严重污染土壤，使土壤板结，降低土壤的肥力，如果焚烧，其产生的有害气体又会污染大气。若是这些废塑料经过处理，可以制成纽扣、笔筒、地毯、衣物等，且1吨废塑料可回炼600千克无铅汽油和柴油。

常用的纸、纸板包装废弃回收后，经过加工处理，不仅能够重新制成纸张，还可以制成椅子、凳子、托盘等。如每回收1吨废纸可造好纸850千克，节省木材300千克，比等量生产减少污染74%；每回收1吨废钢铁可炼好钢0.9吨，比用矿石冶炼节约成本47%，减少空气污染75%，减少97%的水污染和固体废物。

废弃的玻璃包装回收处理后，可重新制成玻璃容器。1吨废玻璃回炉后可生产2万个500克装的酒瓶。

如果我们把经常扔掉的易拉罐收集在一起，1吨易拉罐熔化后能制成1吨良好的铝块，可以少采20吨铝矿。

总的来说，包装垃圾回收不仅能减少固体废物，节省原材料，节约成本，而且能减少对空气和水资源的污染。

4

包装与健康

随着我国工业化进程的加快，包装成为促进产品销售的主要方式之一，与我们生活的关系日益密切。但由于一些包装标识的不明确，包装材料、包装设计及包装使用或再利用的不合理、不科学等原因，不仅造成了使用的不便，严重的还可能危害人们的生命和健康。据调查，英国每年就有105000人因包装事故而住院，其中儿童就有45000人，我国因包装引发的事故也频频发生。为了避免发生此类事件，保护消费者的利益和人身安全，我国在规范包装标识、符号等说明的同时，也陆续出台了各种包装法规，并对不当使用或再利用包装而引发的危害做了一定的宣传。

以下列举几则由包装设计不当而引发的事故，望引起深思：

故事一：粽子发霉事件

主角： 五芳斋集团

具体内容： 上海市民瞿先生为单位员工和客户购买了3000多只"五芳斋"粽子，当天就发现其中部分已经发霉，并且有员工在食用之后出现腹泻状况。

对此，五芳斋当月19日在其网站上做出声明，向消费者致歉，并表示公司已经成立了由主要领导负责的调查小组对相关问题进行彻查。声明中说，该消费者买到的粽子存在包装违规的情况，即"公司规定，进入6月份炎热季节后，粽子应采用透气性较好的无纺布袋包装"，而消费者所购买的新鲜粽子使用的是"塑料袋包装"，公司将对违规使用塑料袋包装的行为进行查处。

销售粽子的客服人员提醒，由于天气炎热，购买新鲜粽子一定要采用透气性好的包装，如无纺布和竹篮；勿将粽子放于汽车后备箱；常温状态下粽子最好当天食用，冷藏的粽子也不要超过3天，而且在食用前要煮透。

故事二：洗衣粉包装似糖果 180名儿童误食中毒

主角： 美国某洗衣粉公司

具体内容： 某晚，一岁半的威廉姆斯把色彩鲜艳、看起来像糖果的单包洗衣粉放入嘴里，其后因严重恶心、呕吐和腹泻而被送入急诊室。

新泽西州毒物中心的药品信息和专业教育主任鲁克(Bruce Ruck)表示，误服洗衣粉会让儿童产生很多严重症状。这款产品以类似糖果罐的容器作为包装，但可爱的包装背后藏着令人难以置信的危险。该公司表示，计划今夏推出防止小孩误取的容器。这款单包洗衣粉当年2月在美国推出后，美国毒物控制中心表示，本月初开始收到这类中毒报告。在过去20天内，当局已收到近180个电话，几乎每天10个。该州毒物控制中心已报告接到57次有关的紧急求助。毒理学家目前仍未知道产品中的哪一种成分使孩子不适，其他洗衣粉只造成轻微的胃部不适，甚至没有任何症状，但这些单包洗衣粉会迅速引起严重症状。在多份报告中，幼儿吞咽或咬下洗衣粉包后，数分钟内就出现呕吐和气喘。当中有些儿童昏迷，或需要使用呼吸机或气管插管。虽然洗衣粉容器上有标签提醒家长不要让孩子接触，但当局现在发出一个更强的信息：要确保孩子拿不到、看不见这些"毒糖果"。

故事三：黄磷桶引发火灾事故

主角： 攀枝花市区的某黄磷厂

具体内容： 某日中午13时许，位于攀枝花市区的某黄磷厂向异地发运黄磷途中，一卡车黄磷自燃，引起火灾，造成严重的空气污染。至下午17时左右，现场的黄磷全部被覆盖，污染源得到控制。此事故造成抢险民工1人窒息死亡，5人轻度烧伤。

事故发生后，盐边县城和市区部分片区出现大雾天气，空气中有一定刺激味。接报后，攀枝花市委、市政府主要领导立即率市环保局、市安办、市公安局、市消防支队等部门赶赴现场，组织指挥抢险，迅速控制局势。经初步调查分析，这是一起由黄磷桶包装不当引发的突发性污染事故，运输中的黄磷，由电镀钢桶包装，但由于包装桶发生泄漏质量事故，使桶内密封的水全部泄漏，造成黄磷自燃。

有关黄磷的资料表明，黄磷的理化性质是：无色蜡样结晶体，有大蒜样臭味。分子式P_4。分子量124.08。相对密度1.82，熔点44.1℃。沸点280℃。蒸气相对密度4.3。不溶于水，易溶于脂肪及二硫化碳等有机溶剂。室温下，在空气中能自燃，易氧化成三氧化二磷及五氧化二磷，故常在水中保存。黄磷蒸气遇湿空气可氧化为次磷酸和磷酸。在黑暗中可见淡绿色荧光。

黄磷不仅是危险品，而且是高毒性物品，约5%液态黄磷灼伤可致人中毒死亡。鉴于黄磷的危险性，我国对黄磷包装桶的质量要求都是比较高的，在国家标准GB19358—2003《黄磷包装安全规范》中也作出了明确规范。即便这样，由于黄磷桶质量问题发生的安全事故还是层出不穷，究其原因，应该还是一个安全意识和管理问题。

随着现代经济的迅速发展，人们对各类物质需求的增加，越来越多的化学品进入生产、流通领域，这对危险化学品的包装、管理和储运过程提出了更高的要求。然而事实是，由于各项管理措施不当，包装不规范、不合理，运输市场混乱，导致安全形式恶化，给国家和人民带来严重的经济损失。教训是沉痛的，同时也为我们敲响了警钟。

4.1
与健康相关的包装标识

包装标志以简明易懂的图形形式，传达产品相关的信息。质量安全类标志，提示人们放心购买商品；警示类包装标志，提示产品的使用范围，避免儿童或成人误用产品而影响身体健康。

4.1.1 常见的食品包装标志

我们常在食品包装上看到"QS"标志、免检标志、绿色食品标志等，它们分别代表什么含义呢？

"QS"标志（图4-1），由质量安全的英文quality safety字头"QS"和"质量安全"中文字样组成。食品包装上加印（贴）了"QS"标志即说明其质量已达到我国质量安全标准要求。

免检标志呈圆形，如图4-2所示，正中为"免"字汉语拼音声母"M"的正、倒连接图形。在这个图形的上方有"国家免检产品"的字样，下方有"国家质量监督检验检疫总局"字样及其英文缩写"AQSIQ"。但由于"三鹿奶粉"事件，国家质检总局已决定，从2008年9月17日起，停止所有食品类生产企业获得的国家免检产品资格。

绿色食品标志是由绿色食品图案（太阳、叶片和蓓蕾构成的正圆形图案）、字样（"绿色食品"Green Food）和产品编号组成的系列图形，如图4-3所示。它是中国绿色食品发展中心在国家工商行政管理局商标局注册的证明商标，标有这种商标的食品是无

国家免检产品

图4-1（上）"QS"标志

图4-2（中）免检标志

图4-3（右下）绿色食品标志

组合一

绿色食品
GreenFood

GFXXXXXXXXXXXX

组合二

绿色食品
GreenFood
GFXXXXXXXXXXXX

企业信息码含义：

GF　XXXXXX　XX　XXXX

绿色食品英文
"GREEN FOOD"缩写　地区代码　获证年份　企业序号

污染、安全、优质、营养的绿色食品。

4.1.2 常见的药品包装标志

药品的作用是治病救人，它与人的生命息息相关。因此药品包装标志必须清晰、醒目、易辨别。当前，我国常见的药品包装标志有外用药品、非处方药、麻醉药、精神药品、放射性药品和医疗用毒性药品的标志，如图4-4所示。

图4-4 常见药品包装标志

甲类非处方药　　乙类非处方药　　外用药品

麻醉药品　　精神药品　　毒性药品　　放射药品

外用药品标志为方形红底的白色"外"字样，它表示此类药仅限于外用，不能口服。

非处方药，是不需要凭执业医师和执业助理医师处方，消费者可以自行判断、购买和使用的药品。其标志有两种：一种是椭圆形红底的白色"OTC"字样，另一种是椭圆形绿底的白色"OTC"字样。有绿底"OTC"标志的药品安全性更高，副作用更小。

4.1.3 常见的化妆品包装标志

通常，人们一买回化妆品，就随手把外包装丢弃了，其实包装上有很多标志，对我们安全合理地使用该化妆品有重要指导作用。常见的化妆品包装标志有"开封后使用期限"标志、"勿靠近火源"标志、"QS"标志等。

"开封后使用期限"标志是一个标有"×M"的打开的小圆盒，如图4-5所示。"×"为阿拉伯数字，"M"是英文单词月份"month"的首字母，整个标识表明化妆品开封后的使用期限。

"勿靠近火源"标志是一个燃烧的火焰图案，如图4-6所示。它表示包装内产品含有丙烷、丁烷等易

图4-5（左）"开封后使用期限"标志

图4-6（右）"勿靠近火源"标志

燃、易爆液化气体，这类化妆品应存放在干燥、阴凉的环境，避免靠近火源、热源或暴晒。此标志多用于摩丝、香水、洗甲水等特殊化妆品包装上。

4.1.4 常见的儿童玩具包装标志

玩具会给其使用对象——儿童带来潜在威胁，这一直是全球玩具厂商关注的重要问题之一。因此，各国纷纷立法或颁布相应的行业标准，规定在儿童玩具包装上标注安全标志，如"CCC"认证标志、"CE"标志、"年龄限制"标志等。

"CCC"认证标志中"CCC"为英文 China Compulsory Certification 的缩写，意为"中国强制认证"，也可简称为"3C"认证，如图4-7所示。它不是质量标志，而是一个最基础的安全认证标志。

"CE"标志，如图4-8所示，是欧共体（即现在的欧盟）玩具安全指令（88/378/EEC）在1990年1月1日施行的。所有进入欧洲市场的玩具都须加贴CE检验标志。

"年龄限制"标志，如图4-9所示，是根据欧盟玩具安全标准EN71设立的。它的含义是：禁止不满3周岁的儿童接触此类玩具。因这些玩具中含有细小的组件或配件，有可能被儿童误食而发生危险。

图4-7（左）"CCC"认证标志

图4-8（中）"CE"标志

图4-9（右）"年龄限制"标志

4.2
与健康相关的包装法规

我国颁布的包装法规涉及食品、药品和化妆品等多个领域，主要包括有关的法律、规程及标准等。这些包装法规的实施，规范了商品的包装，使得相关包装更符合人类的健康及安全要求。

4.2.1 绿色食品包装要求

2002年12月发布的《绿色食品包装通用准则》（以下简称《准则》），规定了我国绿色食品的包装必须遵循的原则，包括绿色食品包装的要求、包装材料的选择、包装尺寸、包装检验、抽样、标志与标签、储存与运输等内容。

该《准则》要求根据不同的绿色食品选择适当的包装材料、容器、形式和方法，以满足食品包装的基本要求。包装的体积和质量应限制在最低水平。在技术条件许可与商品有关规定一致的情况下，应选择可重复使用的包装；若不能重复使用，包装材料应可回收利用；若不能回收利用，则包装废弃物应可降解。同时，《准则》还明确规定了绿色食品外包装上应印有绿色食品标志，并应有明示使用说明及重复使用、回收利用说明。

4.2.2 果冻包装强制性国家标准

果冻是一种深受广大消费者特别是少年儿童喜爱的食品。但是，由于以往没有果冻产品规格和外包装标示警示语的强制规定，曾发生过女婴因食用果冻而窒息身亡的事件。因此，2006年5月1日起正式实施的强制性国家标准GB19883—2005《果冻》中，对果冻的规格要求和外包装标示警示语作出了明确规定：杯形果冻杯口内径或杯口内侧最大长度不小于3.5厘米，长杯形的内容物长度不小于6.0厘米，异形果冻净含量不小于30克。凝胶果冻应在外包装和最小食用包装的醒目位置处，用白底(或黄底)红色字体标示安全警示语和食用方法。

4.2.3 保健食品标识的规定

保健食品标识对人们选购保健食品起引导作用。保健食品标识应标明哪些事项？应当如何标注保健食品标识？

根据1996年实行的《保健食品标识规定》的规定，保健食品标识内容应科学、通俗易懂，不得利用封建迷信进行保健食品宣传；应与产品的质量要求相符，不得以虚假、夸张或欺骗性的文字、图形、符号描述或暗示保健食品的保健作用，也不得描述或暗示保健食品具有治疗疾病的功用。

保健食品标识不得与包装容器分开，所使用的文字、图形、符号必须清晰、醒目、直观，易于辨认和识读。背景和底色应采用对比色；必须以规范的汉字为主要文字，可以同时使用汉语拼音、少数民族文字或外文，所使用的汉语拼音或外国文字不得大于相应的汉字。

4.2.4 有关食品包装材料的法律规定

由于许多包装材料本身存在毒性，会污染内装物，从而损害人体健康，甚至危害生命安全，因此我国有关法律对于食品包装材料特别设置了严格的准入"门槛"。

《食品包装用原纸卫生管理办法》明确规定食品包装用原纸不得采用社会回收废纸作为原料，禁止添加荧光增白剂等有害助剂。食品包装用石蜡应采用食品用石蜡，不得使用工业级石蜡。用于食品包装用原纸的印刷油墨、颜料应符合食品卫生要求，油墨颜料不得印刷在接触食品面。

《食品罐头内壁环氧酚醛涂料卫生管理办法》还规定，食品罐头内壁所使用的环氧酚醛涂料铁皮产品里面应用防潮纸包装，外面用铁壳紧密包装，不得与有毒物质混存、混装，防止受潮锈蚀及各种污染。

知识点链接

环氧酚醛涂料：是一种以高分子环氧树脂和酚醛树脂共聚而成的，可用于食品罐头内壁的涂料。

4.2.5 药品包装说明书的特殊要求

人们在购买药品后，常常会随手将药品外包装和说明书丢掉，以至于在用药时无法明确用量或其他的重要信息，导致服药后发生不良反应，甚至威胁生命安全。基于药品说明书的重要性，《药品说明书和标签管理规定》对其提出了明确要求：

药品生产企业应当在药品说明书中列出药品的全部活性成分或者组方中的全部中药药味；

注射剂和非处方药还应当列出所用的全部辅料名称；

药品处方中含有可能引起严重不良反应的成分或者辅料的，应当予以说明；

未将药品不良反应在说明书中充分说明的，由此引发的不良后果由生产企业承担。

因此，药品生产企业生产供上市销售的最小包装必须附有说明书。

4.2.6 化妆品标识的法律规定

化妆品标识是用以表示化妆品名称、品质、使用方法等信息的标识，它对人们选购和使用化妆品起重要的指引作用。2008年9月1日起施行的《化妆品标识管理规定》对此做出了以下明确规定：

一是化妆品标识应当标注化妆品名称。同一名称的化妆品，适用不同人群，不同色系、香型的，应当在名称中或明显位置予以标明。

二是凡使用或保存不当容易造成化妆品本身损坏或可能危及人体健康和人身安全的化妆品、适用于儿童等特殊人群的化妆品，必须标注注意事项、中文警示说明，以及满足保质期和安全性要求的储存条件等。

三是化妆品标识应当直接标注在化妆品最小销售单元(包装)上。

四是化妆品有说明书的应当随附于产品最小销售单元(包装)内。

4.2.7 儿童安全包装国际标准

药品、家用清洁剂和杀虫剂等危险品应采用合理的密封包装来保障儿童的安全，也就是要符合儿童安全包装要求。儿童安全包装的基本要求是"不能被儿童开启，但也不能妨碍成人的正常使用"。

目前，有关儿童安全包装的两条国际标准均是由国际标准化组织制定的。一条是1985年制定的EN28317标准，适用于打开后能重新盖紧的包装，即装有大剂量产品的带盖容器，需要反复开关的包装，如带有压=旋盖的药品包装。另一条是1997年引入的EN862标准，适用于一次性使用的包装，例如已普遍使用的药片的挤压式泡罩包装，包装一旦破坏，产品便被取走。

4.3
与健康相关的包装常识

包装上包含了许多对人们的生活有用的常识，合理运用这些知识，能帮助人们正确识别、开启及利用包装产品，从而远离危害，保障健康。

4.3.1 液态奶连袋加热对人体是否有害

方便的液态奶已成为城市居民的日常饮品。许多人都习惯把它连袋放进微波炉或开水里加热后再食用。他们认为，加热可以对牛奶消毒，饮用起来更安全。而专家指出，这种做法是不科学、不利于健康的。

当前，市场上的液态奶多选用含铝箔的包装材料，或含有阻透性的聚合物作包装材料。这两种包装材料在常温下都是安全的，但用铝箔包装的液态奶，因为铝箔是金属材料，用微波加热会着火，所以绝对禁止微波炉加热。而含有聚乙烯的聚合物在高温下会发生分解，如果将液态奶连袋高温加热，会导致聚乙烯中的一些有毒物质分解、渗入到牛奶里，与脂肪、蛋白质、糖等发生反应，这样不仅会破坏牛奶的成分，而且会危害人体健康。

4.3.2 啤酒瓶为什么会爆炸

　　一瓶没打开的啤酒无缘无故突然爆炸,将章丘一村民王光亮(化名)左眼炸伤,致其构成七级伤残。日前,章丘市人民法院判决该啤酒公司赔偿伤者各项损失共计16万余元。

　　事情还得从2009年7月21日说起。当天,章丘村民王光亮从商店里买了一箱瓶装啤酒,当天只喝剩下两瓶。没想到同年10月6日上午,王光亮正与邻居在家聊天时,其中一瓶啤酒在没有与任何外界接触的情况下突然爆炸,一块酒瓶碎片击中了王光亮的左眼。王光亮被诊断为眼球贯通伤,最终构成七级伤残。好端端的啤酒瓶怎么会自己爆炸?出院后,王光亮一纸诉状将啤酒销售商和啤酒公司起诉到章丘市法院,请求判令两被告赔偿自己各项损失共计20余万元。法庭最终判决啤酒公司赔偿王光亮医疗费、误工费、残疾赔偿金等共计16万余元。

　　每到啤酒旺销的夏季,啤酒瓶爆炸伤人事件就时有发生。为什么啤酒瓶会爆炸?原因有多种:①回收啤酒瓶超期使用。我国有关法律明确规定,"B"瓶回收使用期限为两年。但当前仍有大量超期使用的"B"瓶混杂于市场,这些啤酒瓶的瓶体因擦伤、老化,抗压力下降,起爆的几率大大增加。②质次价低的"B"瓶充斥市场。③部分啤酒生产企业用捆扎式包装啤酒。在运输过程中,捆扎式包装的啤酒瓶极易发生剧烈碰撞,导致瓶体的机械强度大大降低,造成隐性裂痕。另外,啤酒储藏不当,如温度过高或暴晒,瓶内气体膨胀、气压过高也可能发生爆炸。

　　"B"瓶是指打有啤酒瓶专用标记"B"的玻璃瓶。由于啤酒生产过程中需充入大量的CO_2气体,而玻璃又属于易碎品,所以啤酒瓶必须具有一定的耐内压力和抗冲击能力,才能保证不爆裂。因此,早在1996年,我国已颁布实施了强制性标准GB4544—1996《啤酒瓶》,对啤酒瓶的耐内压力、抗热、抗冲击和标志等指标作了详细规定。标准规定:在瓶底以上20毫米范围必须打有啤酒瓶专用标记"B"及生产日期,并建议"B"字瓶的使用期限为两年。1998年,国家质检总局再次下发文件,明确规定啤酒企业从1999年起必须淘汰非"B"瓶,全部使用"B"标记瓶,如图4-10所示。

图4-10　"B"瓶

4.3.3 为什么不能用塑料瓶装醋

现今随意走进一家小吃店，都能看到放着油盐酱醋的塑料瓶，还有些用塑料瓶改装的撒胡椒粉的小器具，看上去显得很小巧精致，有不少店主表示："塑料瓶嘛，我们都是洗干净了再用的，也没拿来装滚烫的东西，应该是能安心使用的。"

正在用餐的某女士说，"我家就一直是用可乐瓶装酱油和醋等调料的，既不占空间，还很环保。"周围的许多人也一致点头称是。在不少人的观念里，还能用的东西就不要随便扔掉，太浪费了。不少老人就用塑料瓶来装洗衣粉、洗衣液或是一些厨房调料，如酱油、醋等，1.25升的雪碧瓶子、4升的农夫山泉塑料桶则装满了大米或豆子，如今许多年轻人也依然这么做，不觉得有不妥。

然而，将塑料饮料瓶用作装醋容器的行为看似是废物的再利用，实则对人体健康不利。塑料饮料瓶多数由聚乙烯（PE）或聚丙烯（PP）添加多种有机溶剂而制成，聚乙烯、聚丙烯这两种材料无毒无味，用来灌装饮料对人体很安全。但聚乙烯一旦受到酸性物质腐蚀，就会慢慢溶解，并释放出对人体有危害的有机溶剂。长期食用被聚乙烯分子污染的食物，会使人头晕、头痛、恶心、食欲减退、记忆力下降，甚至贫血。所以用塑料瓶装醋，对人体健康有百害而无一利。

4.3.4 可怕的废旧塑料袋

随着我国城市化及现代化进程的加快，塑料包装的用量剧增。据调查，北京市生活垃圾的3%为废旧塑料包装，每年总量约为14万吨；上海市生活垃圾的7%为废旧塑料包装，每年总量约为19万吨。而这些废旧包装大部分是不能降解的，混在土壤中，会严重影响农作物吸收养分和水分，导致农作物减产；抛弃在陆地或水体中，会被动物当作食物吞入，导致动物死亡；粘有污物的废弃塑料包装，会成为细菌、蚊蝇等生存、繁殖的温床，传染疾病，从而危害人体健康。

4.3.5 怎样辨别有毒和无毒塑料袋

在我们的生活中，包装和盛放食物已离不开塑料袋。人们用塑料袋装高温食物的同时，心底总会隐隐担忧：这些塑料包装卫生吗？用有颜色的塑料袋包装高温食物，对健康确实有一定不良影响。因为这些塑料袋的染料渗透性和挥发性都较强，一旦遇油、遇热，就容易渗出并污染食物。但市场上无色塑料袋也不全是无毒的，那我们该如何分辨有毒、无毒的塑料袋呢？在此向你介绍感官检测法、浮力检测法、燃烧检测法、抖动检测法四种辨别的小技巧。

知识点链接

感官检测法：无毒的塑料袋呈乳白色、半透明，或无色透明，有柔韧性，手摸时有润滑感，表面似有蜡；有毒的塑料袋颜色混浊或呈淡黄色，手感发黏。

浮力检测法：把塑料袋置于水中，并按入水底，无毒塑料袋比重小，可浮出水面，有毒塑料袋比重大，下沉。

燃烧检测法：无毒塑料袋易燃，火焰呈蓝色，燃烧时像蜡烛泪一样滴落，有石蜡味，冒烟少；有毒塑料袋不易燃，离火即熄，火焰呈黄色，底部呈绿色，软化能拉丝，发出盐酸的刺激性气味。

抖动检测法：抓住塑料袋用力抖一下，声音清脆的无毒，声音闷涩的有毒。

5

包装与科技

5.1

包装材料

包装材料是指用于制造包装容器、包装装潢、包装印刷、包装运输等满足产品包装要求所使用的材料，它主要包括纸、玻璃、金属、塑料、复合包装材料、环保包装材料等类别。

5.1.1 纸质包装材料

纸包装材料质地轻、易加工成型、印刷性能好；对生态环境和人体健康无害；易回收循环使用；可焚烧或降解。因此纸材料被广泛应用于食品、医药、化工、家电、机械、电子、纺织等诸多产品的包装。

（1）纸包装材料的优点及用途

纸包装制品的发展十分迅速，而且经久不衰，正是因为它有诸多优点。纸和纸板容易大批量生产，原料较丰富、价格较低廉。纸容器便于机械化生产或手工生产，折叠性能优异。纸板包装容器具有一定弹性，瓦楞纸箱的弹性明显优于塑料制品和其他包装材料制成的容器。纸制品能根据不同商品，设计各式各样的箱型，既能设计出透气性能良好的纸箱，又能设计出完全密闭的容器，并具有卫生、无毒、无污染的特点。纸和纸板具有良好的印刷性能，字迹、图案牢固，纸容器可以回收利用，废弃物易处理，不产生污染。

（2）牛皮纸为什么被广泛用作包装用纸

过去装水泥的纸便是牛皮纸，它质地坚韧、表面呈黄褐色且强度高。牛皮纸分为单面、双面和条纹三种类型；按其厚度又分为牛皮纸、牛皮卡纸、牛皮纸板（图5-1）。制作牛皮纸所用的木材纤维比较长，而且在蒸煮木材时，是用烧碱和硫化碱等化学药品来进行处理，这样它们之间的化学反应比较缓和，木材纤维原有的强度所受到的损伤就比较小，故用这种纸浆做出来的纸，纤维与纤维之间是紧紧相依的，非常牢固。其主要特点是

图5-1 牛皮纸袋

柔韧结实富有弹性，并且有较大的耐破度、耐折度和较好的耐水性，因而被广泛地应用于制作小型纸袋、工业品、纺织品、日用百货、食品、建筑原材料的包装。

（3）透明的包装用纸——玻璃纸

玻璃纸是一种是以棉浆、木浆等天然纤维为原料，用胶黏法制成的薄膜，亦名赛璐玢，又称透明纸，是一种透明度非常高的高级包装用纸（图5-2）。用它包装商品，内装物清晰可见，常用于包装化妆品、药品、糖果、糕点，以及针织品等，也用于各种包装的开窗部分。

知识点链接

赛璐玢：1911年首先由法国发明制造，"赛璐玢"这个名字来源于法国生产公司拉·赛璐玢，由瑞士化学家布兰登伯杰发明了第一张玻璃纸。20年代后期得到广泛应用，成为重要的包装材料；到30年代中期采用复合涂布，改善了普通玻璃纸的防潮性和热封性。

（4）最广泛使用的包装盒用纸——白板纸

白板纸是一种经多辊压光制成的正面光滑的涂料纸板，正面呈白色，背面呈灰色或原色，纤维组织均匀，印刷适性好，缓冲性能良好，易折叠成型（图5-3）。主要用于销售包装，以及印制香烟、食品、药品等包装盒。

（5）广泛用于运输包装的纸板

运输包装中常见的瓦楞纸板是美国人阿尔伯特·琼斯（Albert Jones）在1871年发明的。

瓦楞纸板是由瓦楞原纸加工制作而成，先将瓦楞原纸压成瓦楞状，再用黏合剂将两面粘上纸板，使纸板中间呈空心结构，瓦楞的波纹宛如一个个连接的小小拱形门，并列成一排，互相支撑，形成三角结构体，能承受一定的压力，富有弹性，具有缓冲、防震的作用。且质轻、价格便宜、制作简易，并能回收或重复利用，被广泛用于销售包装箱、商品包装内衬等保护产品（图5-4）。一般来说，瓦楞形状分为U形、V形和UV形三种，瓦楞纸板的层数有2层、3层、5层、7层等不同种类。

图5-2（左）玻璃纸

图5-3（中）白板纸

图5-4（右）瓦楞纸箱

（6）如何区分白板纸与白卡纸

白卡纸由于是定量（指单位面积的重量，以每平方米的克数表示）或厚度介于纸和纸板之间，故称卡纸。它不仅物理强度高，而且有优良的承载性和折叠性；两面都较为光滑，质量要求比白板纸高，纸质细腻、平整、光亮，压缩性能好，印刷时着墨均一，色彩鲜艳、清晰。多用于贴体包装的盖材、挂式销售包装和包装上的吊牌等。如芙蓉王香烟的条盒（外包装盒）就是在白卡纸上覆热缩膜加工制成。

（7）常用于高档印刷的包装用纸——铜版纸

商品销售包装上用于印制标贴的纸主要是铜版纸，又称涂布印刷纸，是由涂料原纸经涂布和装饰加工后制成的高级印刷纸（图5-5）。主要用于各种需精美装潢的包装、纸质手提包、标贴、商标等。

铜版纸有单面铜版纸、双面铜版纸、无光泽铜版纸、布纹铜版纸之分。铜版纸纸面光洁平整，印刷效果好，但怕受潮，不宜在日光下曝晒。

（8）半透明包装用纸——硫酸纸

将细微的植物纤维通过互相交织，在潮湿状态下加工处理制成的硫酸纸，又称羊皮纸或植物羊皮纸，如图5-6所示。其质地紧密、坚挺而富有弹性，具有高度的抗水和不透气、不透油等特性，适宜于长期保存的油脂、茶叶及药品的包装。同时，防潮性能良好的硫酸纸，也适宜包装精密仪器和机械零件。

（9）有些包装纸板为什么做成蜂窝状

蜂窝纸板是根据自然界蜂巢结构原理制作的。它是把瓦楞原纸用胶粘结连成无数个空心立体正六边形，形成一个整体的受力件——纸芯，并在其两面黏合面纸而制成的一种新型夹层结构环保节能材料（图5-7）。

蜂窝纸板的特殊结构使其具有良好的包装性能，质轻、用料少、成本低；高强度，表面平整，不易变形；抗冲击性、缓冲性好；吸声、隔热；无污染。目前广泛用于包装缓冲垫及托盘等。

图5-5（左）铜版纸

图5-6（中）硫酸纸

图5-7（右）蜂窝纸板

图5-8（左） 阻燃包装

图5-9（右） 玻璃容器

（10）阻燃包装纸

阻燃包装纸是新近开发的一种包装材料（图5-8）。它不易燃烧，能阻碍火焰的扩散，遇到小火不会被引燃，还有自熄功能。原因在于它是用原纸经过阻燃液浸渍、涂布或喷洒，使阻燃剂渗入纸的纤维间，干燥后制成的。阻燃包装纸多用于制作军事和救灾物资的包装箱。

5.1.2 玻璃包装材料

玻璃是由天然矿石、石英石、烧碱、石灰石等无机物材料高温熔融后迅速冷却而成的，如图5-9。由于玻璃材料易熔制、可塑性强，化学稳定性好，易低温储藏，多用作酒、饮料、食品、化妆品、化学或普通药品的包装。

（1）最常见的玻璃包装容器——钠钙玻璃瓶

最常见的玻璃包装材料是钠钙玻璃，其主要成分是二氧化硅、氧化钠、石灰，以及极少量其他元素，含有较多的杂质，适于制作大批量生产的经济型玻璃包装容器。多用于食品、饮料等的包装，如罐头、普通酒瓶、醋瓶、酱油瓶等。

在钠钙玻璃中加入金属或金属氧化物，就变成了有色玻璃。除能增强视觉美感外，还能较大限度地吸收光线和充分反射光线，阻隔紫外线、光、热的性能比无色玻璃好，以减少光、热进入瓶内，从而较好地保护产品。如葡萄酒瓶通常为深绿色或棕色，旨在避免长期存放时光线的照射，提高葡萄酒非生物的稳定性，保持葡萄酒的香醇。

（2）像水晶一样的玻璃

看起来像水晶的玻璃瓶是在普通玻璃中加入24%左右的氧化铅而制成，因其视觉上具有水晶般闪亮的效果，常被称作水晶玻璃。用水晶玻璃制作的香水瓶、高档酒瓶等在视觉上具有水晶的美感，原因在于铅玻璃的硬度高，耐磨，采用多个棱面折射结构，便产生了水晶般的视觉效果；同时能折射、透射出内装物的色彩，看上去更加美观。主要用于高级化妆品、酒瓶、工艺品等的包装。最常见的是香水包装。

（3）硼硅酸盐玻璃的特殊用途

硼硅酸盐玻璃主要是由75%～85%的石英（SiO_2）和8%～19%硼酸盐（B_2O_3）组成，硼酸盐的数量以特异的方式影响玻璃的性能，其化学稳定性较钠钙玻璃更好、低膨胀、极耐高温。有些需要通过高温消毒后才能使用的药品，只能用硼硅酸盐玻璃进行包装。

（4）艺术玻璃包装容器的奥秘

艺术玻璃包装主要通过双层器壁结构来实现，由于是在外层内壁上进行工艺装饰，所以容器壁上的内装饰画不会被侵蚀，可长久保持清晰、美观、不变形。从而增强了视觉效果，适于制作高档产品的包装，并具有工艺收藏价值。

（5）像变色龙一样的玻璃包装容器

随着玻璃工业的发展，制作玻璃的技术也随之提高。市场上出现了多种多样的玻璃包装容器，其中有一种玻璃包装容器，其色彩随着外界温度的变化而变化，这是什么原理呢？其实是因为在这种玻璃的表面涂有一层热敏变色涂料，而且，这种热敏涂料会随着外界温度的改变而改变颜色。当温度恢复到原来时，颜色也复原了。这种玻璃包装容器一般被用于对温度有严格要求的产品包装。

（6）为什么有些玻璃包装不是完全透明的

玻璃的透明程度是由玻璃材料原子或分子的排列构造决定的。不透明或半透明的玻璃包装是改变了玻璃材料原子或分子的排列结构，不让或只让部分光线通过，从而形成了不完全透明的玻璃包装容器，不仅增强了视觉美感，而且质感也有所变化。最常见的是用于护肤品包装的磨砂玻璃瓶。

5.1.3 金属包装材料

金属具有光泽感，富有延展性、致密性强的特征，且不透明，是包装的主要材料之一。金属包装类型主要有铁、铝、钢加工成型的桶、罐、管和铝箔制成的金属软管等。

图5-10 马口铁罐

（1）最常见的金属罐——马口铁罐

我们最常见的马口铁，正式名称为镀锡钢片（图5-10）。1810年，世界第一只马口铁罐由英国人发明，并取得专利。这种起源于古代波希米亚的镀锡铁已被广泛地用于罐头和其他食品的包装。

①喷雾罐为何要用马口铁。我们熟知的杀虫剂喷雾罐之所以用马口铁而不用塑料等其他材料，一方面因为马口铁抗压强度高、耐磨；另一方面，杀虫剂系有毒化学药品，易泄露，而马口铁内壁的锡具有防腐蚀的功能和作

用，且密封性极好。所以，多用马口铁制作高压喷雾罐，如杀虫剂、空气清新剂、防臭剂等。

②密封性较强的马口铁包装。由于氧气和光线会引起食品变质，也会导致蛋白质、氨基酸及维生素等的流失。马口铁罐不透光，在金属罐中氧气透过率最低，最大限度地防止了产品营养成分的流失，延迟了内装物的保存期限，将腐败变质的可能性降到最低。如八宝粥、金枪鱼罐头等食品包装。

③马口铁罐内壁的秘密。铁是极易被氧化生锈的，那么铁罐包装的食品还能食用吗？秘密就在马口铁内壁的锡，它会与充填时残存于容器内的氧气发生作用，可减少食品成分被氧化的机会。锡的还原作用，对淡色水果、果汁的味道和色泽有很好的保存效果，储存期限因而延长。

另外，马口铁罐内部涂漆可以提高容器的耐蚀特性。由于电化学作用，涂漆罐头食品在储存过程中会有少量的铁溶出，以二价铁形态存在于密封的罐头食品中，极容易被人体吸收，补充人体的铁元素。

"马口铁"名称由来有两种说法：一种认为最初制造罐头用的金属板材是清代中叶从澳门（英文名Macao，读作"马口"）进口的，所以叫"马口铁"；另一种认为中国过去用这种金属板材制造的煤油灯灯头，形如马口，所以叫"马口铁"。单质铁在氧化时（置换反应）还原成铁元素，即生成二价铁。

（2）铝制易拉罐的优点及加工

图5-11 铝制易拉罐

金属易拉罐大家现在都已十分熟悉，它分为三片罐和二片罐，材料为无锡薄钢板、白铁石或铝。市场上充二氧化碳气的碳酸饮料和啤酒都是采用铝二片罐的易拉罐包装（图5-11）。它是铝材料经过多次冲压、拉伸加工的薄壁容器，厚度约0.1~0.12毫米。铝和罐底为一体，再加上盖，因此称为二片罐。铝的无味、无臭，使它能保持内封物风味。这种罐日常使用不生锈，能保持金属固有光泽，一般为白色，明快轻便，给人以柔韧之感，引发选购欲望。它质轻、易加工，适于高效率、大量生产，经济效益高。由于有较高的密封性和遮光性，同时机械强度大，刚性好，适合长期保存和远距离运输，废料回收再利用价值比较高。铝二片罐的优点使它成为大量远销型、上档次饮料的最佳包装，对销售和保质起到关键作用。

（3）像纸一样薄的金属——铝箔

铝箔是用纯铝或铝合金加工成0.0063~0.2毫米的薄片，而制作铝容器的铝箔厚度多为30~130毫米。与纸相比，铝箔除了具有较轻的特点外，还能有效地阻隔氧气、水分；光滑的铝箔对光、热有较高的反射能力，耐高、低温，导热性良好，内装物可以在恒温下得以较好保存。常用于加热、保鲜、密封、防潮要求高的包装，如酒瓶、乳制品封口处常用铝箔密封。

1910年，自瑞士R·V·内黑尔发明连续压延法后，铝箔材料被广泛地用于包装行业。1911年，瑞士开始试用铝箔包装巧克力；1913年，欧洲首次用铝箔作为口香糖的包装材料（图5-12）。现在，铝箔通常与纸、塑料等作为复合包装材料广泛应用于卷烟、食品、糖果、饮料和奶制品等行业。

（4）方便使用的金属软管

早期如牙膏、发膏、药膏、奶液等的包装多采用金属软管，主要有锡质、锡包铅质和铝质软管三种。金属软管硬度介于马口铁和铝箔之间，既利用了金属材料极好的密封性能，又方便了人们随手挤压使用，多用于一些容量较小的日用品包装（图5-13）。

（5）运输包装中广泛应用的钢桶

钢桶是一种重要的包装容器，是用金属材料制成的容量较大的容器，一般为圆柱形，如图5-14所示。由于其机械性能优良、强度高，具有很好的延展性和极优良的综合防护性能，所以，在运输与周转过程中能够抵抗一般的机械、气候、生物、化学等外界环境中的危害因素，在危险货物、药品、食品、军工产品等众多商品的包装领域被广泛采用。

图5-12（上左）铝箔

图5-13（上中）金属软管颜料包装

图5-14（上右）钢桶

图5-15（下）PET材料制成的矿泉水瓶

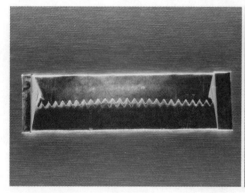

5.1.4 塑料包装材料

随着石油化工技术的不断提升，塑料工业发展迅猛。塑料包装容器也因轻便、性能卓越、工艺简单和成本低等诸多优点，在许多领域已取代了金属、玻璃等包装容器。

（1）备受青睐的饮料瓶——聚酯瓶（PET瓶）

常见的矿泉水瓶就是聚酯瓶，也称PET瓶，它是用高分子化合物——聚酯（PET）经成型加工制成（图5-15）。其特点是密度小、质轻，成本低；易于成型加工，易着色，视觉效果好；韧性、光泽性好；耐冲击性能强等。它是软饮料包装的最佳材料，多用于液态饮料的包装，如矿泉水、可乐、果汁等。由于聚酯包装材料极易吸湿，需干燥处理，不耐高温，故不能用于热灌装。

（2）饮料包装容器的新宠儿——聚丙烯瓶（BOPP瓶）

市场上常见的红茶、绿茶，其塑料瓶与一般的矿泉水瓶不一样，装入热水甚至是开水也不会变形。其秘密就在于它是用BOPP瓶包装的（图5-16）。BOPP瓶是由双向拉伸聚丙烯薄膜发展而来的，即高分子聚丙烯熔体制成片材或厚膜，在一定温度和速度下，同时或分步在纵向和横向上进行拉伸，再经适当冷却或热定型，或再经特殊加工制成。主要用于需进行热灌装的茶饮料及其他饮料包装。

（3）有韧性的食品包装薄膜——聚酰胺（PA）薄膜

有些纸盒为了展示内装物，在正面用塑料薄膜辅助完成包装，有些则直接采用有韧性的塑料薄膜包装产品，如"都市麦田——法式香奶面包"就是这种包装。这些食品包装薄膜多为聚酰胺（PA）薄膜，俗称尼龙薄膜，于1939年实现工业化，20世纪50年代生产注塑制品。

尼龙薄膜多用于食品包装，一是由于其透明性、光泽度好，利于内装物的展示；二是它耐热、耐寒、耐油、耐磨，阻氧性能优良，利于保护产品。用于包装一些日常食品，如油腻性食品、肉制品、油炸食品、蒸煮食品等（图5-17）。

（4）柔软透明的保鲜膜——聚丙乙烯薄膜

超市里用来包装新鲜食品用的柔软透明的保鲜膜就是聚丙乙烯薄膜——PPE，因其无毒无味、保湿、防腐、较强的保鲜功能等诸多优点，被广泛应用于保鲜膜包装（图5-18）。

知识点链接

较强的保鲜功能：通常水果在成熟时会释放出乙烯气体，这种气体具有催熟功能。奥地利韦尔汉德尔斯公司发明了能吸收乙烯物质的保鲜膜，用于水果的保鲜包装，降低了水果腐烂的速度。

图5-16（左）红、绿茶BOPP瓶

图5-17（中）PA材料食品包装

图5-18（右）保鲜膜

图5-19（左）塑料缓冲气泡垫

图5-20（中）发泡塑料

图5-21（右）PVC透明包装

（5）小型电子组件包装——聚乙烯气泡垫

有些电子组件或仪器的塑料包装上面布满了规则排列的小气泡，这就是常见的聚乙烯气泡垫包装（图5-19）。聚乙烯气泡垫是通过结构最简单的高分子乙烯聚合而成的，通过密封气囊达到防震缓冲作用，耐低温，防静电，韧性极好，防摩擦性，是一种成熟的包装材料，从而广泛应用于小型电子组件、产品等的包装。

（6）家电包装用的白色泡沫是由什么材料组成的

打开电视机、洗衣机等大型家电产品的包装箱，常看到一些白色的泡沫，被称作"发泡塑料"，如图5-20所示。它始于20世纪40年代的欧美，是一种有机高聚化合物，是用发泡剂对塑料的物理、化学性能进行改良而成的包装材料，主要包括聚乙烯、聚丙烯及EVA（乙烯-乙酸乙烯酯共聚物；乙烯-醋酸乙烯酯的共聚物）等。

发泡塑料含有大量气孔，具有质轻、成本低、导热率小、隔音和弹压强度高等优点，广泛用于家电、电子产品等包装领域。

（7）使用量最大的塑料包装材料——聚氯乙烯（PVC）

大家平时用的塑料袋大多是用聚氯乙烯材料制成的（图5-21）。它是世界上产量最大的塑料产品之一，价格便宜，应用广泛，聚氯乙烯树脂为白色或浅黄色粉末。根据不同的用途可以加入不同的添加剂，聚氯乙烯塑料可呈现不同的物理性能和力学性能，如在聚氯乙烯树脂中加入适量的增塑剂，可制成多种硬质、软质和透明制品。

（8）软包装薄膜基材

软包装薄膜基材包括BOPP薄膜、BOPET薄膜和BOPA薄膜。BOPP薄膜即双向拉伸聚丙烯薄膜，是软包装领域用量最大的材料。它是将高分子聚丙烯的熔体先制成片材或厚膜，然后在专用的拉伸机内，在一定的温度和速度下，同时或分步在纵向、横向两个方向进行拉伸，并经过适当的冷却、热处理或特殊加工（如电晕、涂覆等）制成的薄膜。因其具有质轻、透明、无毒、防潮、透气性低、机械强度高等优点而被广泛应用于食品、医药、烟草等的包装。BOPET薄膜，因其密封性优、耐高温、抗拉强度高、透明度和光泽性好，在包装市场上的用量迅速提高；BOPA薄膜以其柔软、抗穿刺等特殊性能，广泛应用于高温蒸煮食品、水煮食品、抽真空食品的包装，国内BOPA薄膜的生产能力正在稳步提高。

（9）PVDC薄膜

PVDC薄膜具有优良的机械性能和良好的热封性能，对于各种气体具有很高的复合性，在高温达到140℃时，其化学性能仍稳定，不与各种酸碱盐发生化学反应，耐溶剂和油脂对人体无害，是目前食品包装材料中唯一可承受高温、高压的灭菌材料。因为它良好的物理、化学性能，PVDC塑料首先用于军事领域，用于民用主要作为蔬菜、肉类、水果的保鲜膜。近20年来，随着世界各国微波炉的广泛使用，PVDC薄膜用量更大。近年来，我国市场上广受欢迎的各类火腿肠也是由PVDC薄膜包装的。

（10）BOPP薄膜

包装薄膜聚丙烯双向拉伸薄膜，简称BOPP薄膜。这种薄膜具有很高的机械强度和复合力、极好的化学性能和良好的化学稳定性，与各种酸碱盐不发生化学反应，而且光亮透明，是一种高级塑料包装材料，被人们誉为"包装皇后"，成为人们日常生活中不可缺少的日用品。它既可以与纸复合做成复合纸张，也可以经过彩印制成精美的挂历、年画和做食品、服装等的包装。它还可以经过涂胶后做透明胶带、封箱带，热封型BOPP薄膜具有透明性好、挺度高、不起皱的优点，以极好的化学性能可作为香烟盒、整条香烟机械封装的透明膜，是玻璃纸的替代产品。金属化的BOPP薄膜可直接进行真空镀铝用于包装。增光膜的光泽显得鲜艳华丽，它体重小、遮光强、热封性好，大量应用于食品包装上，同时三层透光膜可复合成各种装饰膜，用于礼品的包装装潢上。BOPP薄膜的发展，与其他包装产品的发展一样，都是随着商品的发展而发展起来的。随着我国经济的转轨，市场经济带来了商品的极大繁荣，同时也将激烈的商品竞争带了进来。提高商品的竞争力，客观上对包装提出了新的要求，尤其是食品、服装等日常用品的包装，这给符合世界潮流的BOPP包装薄膜带来巨大的市场需求，也给相当一批企业带来了发展的契机。

5.1.5　复合包装材料

复合材料是由两种或两种以上不同性能的物质结合在一起组成的材料。复合材料应用于包装领域可以发挥各种材料的优点，更好地保护产品，提高经济效益。

（1）常见的复合包装材料有哪些

常见的复合包装材料有玻璃纸与塑料、纸与塑料、塑料与塑料、纸与金属箔、塑料与金属箔以及用纸、塑料、金属箔三者组合而成的包装材料等。如铝箔、薄纸和蜡复合包装的口香糖；铝箔、纸和塑料复合包装的方便面；铝箔、防油胶黏剂和羊皮纸复合包装的牛油、奶酪、咖啡；用铝箔和塑料复合的药品泡罩包装等。

（2）最具代表性的复合材料包装——利乐包

利乐包是复合材料包装的代表，它是以发明利乐包的公司名字而命名的，如我们最为熟知的蒙牛牛奶就是采用利乐包装，以其外观形状分为利乐砖、利乐枕、利

图5-22 利乐包

乐传统包、利乐冠、利乐皇、利乐威和利乐钻（图5-22）。由于其环保、卫生、营养、保存期较长等诸多优点，主要应用于保鲜要求较高的牛奶包装，有些果汁、饮料等也用其包装。

（3）牛奶保鲜的秘密——利乐包的材料构成

利乐包装是由纸(75%)、聚乙烯(20%)和铝箔(5%)制作成的六层复合包装。纸板为包装提供坚韧度；铝箔能够阻挡光线和氧气的进入；塑料起到了防止液体溢漏的作用。这三种材料的组合有效地阻隔了空气、光线和细菌的进入，使牛奶可以在常温下存放较长时间，如利乐枕可存放45天，利乐砖则长达6～9个月。

知识点链接

六层复合包装：由外而内分别是①聚乙烯：防水、防止外界湿气的侵袭；②纸：使包装稳定坚固；③聚乙烯黏附层：用来淋膜黏着；④铝箔：厚度约为头发的1/5，用于阻隔光线、氧气和异味；⑤聚乙烯：用于黏着；⑥内部聚乙烯：密封饮料等内装物。

六层复合包装由几层很薄的材料复合而成，这些材料起到了遮光、隔氧、保持牛奶良好风味的作用，同时也使包装更坚固。我们最终在市场上见到的包装是不透气、不透水、遮光、除菌的产品。这种产品不加任何防腐剂，能在常温条件下保存好几个月。

5.1.6 环保包装材料

20世纪六七十年代以前，人类过度地向自然索取资源，生态环境遭到严重破坏。进入20世纪80年代以后，人们开始思考人与自然的关系，环保成了人类生活的重大主题之一。

材料科学的发展也在这个时候开始走可持续发展的道路，并相继提出了"环保材料"、"绿色材料"、"生态材料"等概念，要求材料的开发、生产、使用、废弃的整个生命周期都具有环境协调性。随着科技水平的飞速发展和环保观念的日益增强，包装材料领域也发生了很大的改变，出现了一些科技含量很高的新型环保材料，如可降解塑料。

（1）绿色包装印刷纸袋

绿色包装印刷纸袋是一种新型、环保的绿色包装印刷纸袋。它是利用废纸作为基本材料，在连续作业的同时，将水溶纱线纺织一次成型制成的。生产过程中不制浆，无酸、碱、废液排除，利用再生资源实施绿色包装工程中，有效地解决了环境保护中的"白色污染"问题。这种新型的绿色印刷纸袋具有很好的耐破度、防潮性和防伪性，而且水溶纱线可以在95℃的水中溶解，可回收利用，符合环保要求。

（2）纸模

纸浆模型是把废纸或成品纸浆打碎成泥，通过真空吸附，用模具模塑成型为制品的过程，简称为纸模。纸模通常分为两类：用成品纸浆做原料生产的快餐盒、方便碗等生活用品；用废纸做原料生产的以替代发泡塑料的包装、衬垫、填充材料等工业用品。

由于发泡塑料造成的"白色污染"日益严重，且废弃物处理困难，回收再生成本高等问题，国际上发达国家已经立法禁止其生产和销售。经多年反复试验比较，纸模制品成为发泡塑料的最佳替代品。该制品在环境中类似于植物，可自行腐烂分解。因其特有的几何结构，具有防震、抗冲击功能，以及防静电和纸结构本身具有弹性，纸模在力学性能测试中等同或优于发泡塑料。

常用的鸡蛋托是纸模制品，主要采用真空吸附成型法，就是将制备好的纤维浆料在附有金属网的模具上，经真空吸附成产品形状，并脱去大量的水。成型原理为：浆料盛在浆池内，将网模固定在凹模上，通过浆槽里浆料的流动及凹模在浆池里上下移动来搅动浆料，使浆料均匀。当凹模下移到浆池液面下时，通过真空抽吸使浆料沉积在网模上，然后移出浆池，与凸模闭合，经蒸压脱水，得到干度较高的坯料。在成型过程中，通过控制吸浆的时间，可以控制模塑产品的厚度。由于真空吸附在某一个方向上的强度是相同的，所以得到的纸浆、模塑制品在厚度上、理论上应该是均匀的。然而吸浆过程中，由于浆料的流速和重力等原因，可能出现模塑产品厚度不均匀的现象。

（3）可食性包装材料

市场上常见的大白兔糖果，依附在糖果上的"纸片"是可以吃的；那"白纸"便是一种可食性包装纸。

可食性包装材料是由可以食用的原料加工制成，像纸一样的可降解包装材料。常用的可食用原料有淀粉、糖糊、食用纤维，里面加入了一些食用添加剂、防腐剂等。这些可食性的"纸片"入口即化，美味透明，并具有防湿、防腐的功能，主要用于糕点、糖果等的包装。

（4）可降解塑料

可降解塑料一般利用二氧化碳作为基本原料，能制作出可彻底降解的树脂材料和泡沫塑料，减少对环境的污染是它区别于一般塑料的最大优势。发展较快的有聚羟基脂肪酸酯、聚乳酸等。

聚羟基脂肪酸酯简称PHA，采用微生物发酵技术，将玉米之类的农产品原料转化为生物，具有可降解性、生物兼容性、压电性等许多优良性能，适用于生产各种硬性和柔性包装，包括食品包装薄膜和瓶子。

聚乳酸一般以乳酸为原料，适于吹塑、吸塑多种加工方法，制成薄膜、包装袋、包装盒、一次性快餐盒、饮料瓶等。具有防潮、耐油脂，密闭，机械、物理性能良好等优点。使用后能被自然界中微生物完全降解，最终生成二氧化碳和水。

5.2
包装技术

随着科学技术的飞速发展，商品包装已成为促进销售、增强竞争力的重要手段。许多新技术、新工艺已被应用于包装设计、包装工艺、包装设备、包装新材料、包装新产业等方面，这些新的包装技术在极大程度上推动了包装工业的发展。

5.2.1 成型

成型是包装过程中最基础的一道工序，它为充填环节提供各类包装容器，如纸制容器、金属容器、玻璃容器、塑料容器等。

（1）包装纸盒是折叠出来的吗

日常生活中，从豪华礼盒到普通的饼干盒，大都是用纸制成的。它们都是手工折叠出来的吗？其实不是。传统的纸盒是采用手工工艺制成的，自机械化大生产后，现代的纸盒大都采用模切压痕工艺加工制成。

图5-23 纸箱模切压痕过程

模切压痕工艺是根据设计的要求，将彩色印刷品的边缘加工成各种形状，或在印刷品上增加特殊的艺术效果，以达到某种使用功能。模切是用钢刀排成模，在模切机上把纸切成一定形状的工艺。压痕是利用布有钢线的模，在纸上压出痕迹，留下压痕的工艺。我们常见的纸箱、纸袋、纸罐也是通过模切压痕工艺制作的。

纸质包装是最常见的包装之一，如纸盒、瓦楞纸箱等。它们的成型一般都采用了模切压痕工艺。什么是模切压痕工艺呢？它是通过电脑控制，采用模切压痕工艺来实现的。成型前，在电脑上预先设计出纸盒的形状，并设定模切线、压痕线的走向，接下来的模切、压痕工作由电脑来完成（图5-23）。完成后只需经过人工折叠，漂亮的纸盒就可以制成。而纸箱的成型一般采用传统的模切压痕工艺来完成，其工艺过程是：根据纸箱的设计稿制定出模切压痕的模板并进行安装，而成型的工作就由模切压痕机来完成，最后经人工将纸板钉合即可。

（2）常见金属罐的结构及制作工艺

常见的金属罐有两片罐、三片罐等，主要用于饮料、食品等的包装。其中两片罐常用两片铝质金属制作，它的盖子是独立的，罐身和罐底是一体的，如健力宝、可乐饮料罐；三片罐是用罐底、罐身、罐盖三片马口铁制成的，如王老吉饮料罐、八宝粥罐等。

（3）玻璃瓶是"吹"出来的吗

最常见的玻璃包装容器要数玻璃瓶了。早在古埃及，就出现了玻璃器皿，后来，玻璃容器被广泛应用于包装领域，如高档酒瓶、啤酒瓶、饮料玻璃瓶等。其实，各种玻璃瓶大都是"吹"出来的。具体过程是：先把固态的玻璃颗粒加热熔化，然后放入成型模具中，最后通过吹入空气，使其成型。

玻璃瓶常用的成型方法有压—吹成型、吹—吹成型等方法。

（4）塑料瓶的制造工艺

塑料瓶是生活中最常见的包装容器，主要有矿泉水瓶、饮料瓶、油脂瓶等。虽然它们类别众多，形状多样，但总的来说，它们的加工成型方法主要采用吹塑成型工艺。而其他的塑料包装容器如塑料杯等，常采用压塑成型或滚塑成型等工艺。

常见塑料包装容器的形状多种多样，形态各异，它们的成型工艺有很多种，如拉吹成型工艺、压制成型工艺和滚塑成型工艺等。其中，挤出吹塑中空成型工艺是最常用的工艺之一。其工艺过程是往漏斗中加入固态塑料颗粒，经过加热熔融，挤出机挤出熔融状态下的型坯后，将其放入成型模具并闭合模具，接着向模具型腔内冲入压缩的空气，使型坯胀开并附着模腔壁而成型。这种成型方法的优点是设备和模具结构简单，成本较低，缺点是型坯壁的厚度不均匀，易引起塑料成品厚薄不均。

5.2.2 充填

充填是包装过程中最重要的一道工序，它是将所需包装的物料按要求装入包装容器的过程。充填大致分为液体物料的充填（通常称为灌装）和固体物料的充填。

（1）啤酒的灌装工艺

我们熟悉的啤酒是采用重力压力灌装的，重力压力灌装又称等压灌装，它是在高于大气压力的条件下进行灌装的，即先对空瓶进行充气，使瓶内压力与储液箱（或计量筒）内的压力相等，然后靠液料自身重力进行灌装。啤酒灌装过程加压，是为了使液体中的CO_2含量保持不变。另外，深受年轻人喜爱的碳酸饮料也是用这种方法进行灌装的。

（2）牛奶装瓶的方法

相对于牙膏来说，人们常喝的牛奶黏度较低，它通过自身的重力作用就能快速装入瓶中。这种装瓶方法叫做重力灌装。

（3）牙膏是如何装进软管的

我们熟悉的牙膏是黏度较大的物料，在灌装中，通常需要施加一定的外力才能使其装入软管，这种灌装方法称为压力灌装。另外，番茄酱、肉糜和香脂等也都是通过这种方式灌装的。

（4）蔬菜汁装瓶的秘密

常见的糖浆、蔬菜汁等属于黏度低的液体，包装中一般采用真空灌装法。真空灌装是在低于大气压力的条件下，利用压力差来进行灌装的方法，即让储液箱内部处于常压状态，只对包装容器内部抽气，使其形成一定的真空，依靠储液箱和容器之间形成的压力差来完成灌装。

（5）农用化肥的装袋方法

农用化肥属于颗粒状物体，一般采用容积充填法进行装袋。这是一种以容积来计算充填物料数量的充填方法。

（6）薯片装袋的方法

称量充填法是一种以重量来计算充填物料数量的充填方法，它包括净重充填法和毛重充填法。薯片属于不规则的片状物料，一般采用净重充填法进行装袋。它还用来充填油炸土豆片、膨化玉米等。

图5-24 啤酒瓶盖封盖机

5.2.3 封缄裹包

充填后，须对包装进行封缄、裹包，才能有效地保护产品。其中，封缄的方法很多，主要有黏封、封盖（塞、帽等）、热封和订封等。

（1）啤酒包装的封盖技术

玻璃瓶装的啤酒都有一个带"裙边"的金属盖，它紧紧地封住瓶口，守护着瓶内的啤酒。这是一种专门用于啤酒、汽水等饮料包装封口的皇冠盖。

啤酒瓶封盖的过程是：将皇冠盖置于瓶口，封口机的压盖模下压，皇冠盖的波纹周边被挤压内缩，卡在瓶口颈部的凸缘上，造成瓶盖与瓶口间的机械勾连，从而将瓶子封口。封盖技术是重要的封缄技术之一。封缄是包装容器装入产品后，为了避免产品在运输、储存和销售过程中受到污染或损坏而采取的各种封闭工艺（图5-24）。此外，黏合、热封也是常用的封缄技术。

（2）包装的裹包技术

每逢节日，人们常会购买精美的礼品送给亲朋好友，赠送前一般会对礼品再进行精心包裹。然而，批量化的包装盒或物品包裹都采用自动化的裹包技术，这种技术是一种用较薄的柔性材料将产品或已经包装好的商品全部或是部分包起来的方法。

我们经常采用的是热封裹包技术，包括平张膜热封裹包技术和双张平膜裹包技术。

5.2.4 贴标

贴标是一种重要的辅助包装技术，目的是为了让消费者更好地了解商品信息，选购到自己称心的商品。其中包括包装的自动化贴标。

常见的一些玻璃瓶、塑料瓶等包装容器上都紧贴着纸质或塑料标签，这种标签能长时间地粘在包装上。这需要用到贴标工艺，贴标是将商品标签通过一定的工艺粘贴在外包装上的工序。标签是贴在包装容器上的印有产品说明或图样的纸或其他材料，或者直接印在包装容器上的产品说明和图样。

目前，常采用的贴标工艺是热敏贴标，即预先在标签上涂抹黏胶，待干燥后，通过加热使其恢复黏性，收缩粘贴。另外，还常用到滚压法的压敏贴标工艺。

5.2.5 装盒装箱

产品制造出来后，为了便于运输、存放和销售，需将产品装入盒、袋或箱内。

装箱前一般要进行装盒，装盒在早期基本上也是靠手工完成，随后出现了半自动、全自动装盒技术。其中，全自动装盒的速度最高可达每分钟1000盒。在包装机械出现之前，装箱基本上是靠手工完成，随后出现了半自动、全自动装箱技术。装箱的方式很多，常见的是全自动水平装箱，其过程是：供送装置取下箱后，通过输送链将折叠成型的瓦楞纸箱送至装箱位置，等待装箱。同时，自动推料板将待装产品多次堆码在板上，并在曲柄连杆的作用下，将其一次推入箱内，最后封底封口。

5.2.6 专用包装技术

（1）牛奶的无菌包装技术

刚挤出来的牛奶营养丰富，但因里面含有大量的有害细菌而不能直接饮用。目前市场上的牛奶都是在无菌环境下生产的，采用了无菌包装技术。无菌包装技术于20世纪60年代开始应用于欧洲市场，它是将产品、包装容器、材料及包装辅助器材灭菌后，在无菌的环境中进行充填和封合的一种包装技术。

包装前一般先要对牛奶进行低温处理，然后采用巴氏灭菌法或其他方法灭菌，同时用加热灭菌、辐射灭菌等方法对其包装、生产环境进行灭菌处理。无菌包装还广泛地用于乳制品、果汁、布丁等食品的包装。

知识点链接

巴氏灭菌法：巴氏灭菌主要有两种方法，一种是将牛奶加热到62℃~65℃，保持30分钟。采用这一方法，可杀死牛奶中各种生长型致病菌，灭菌效率可达97.3%~99.9%。经消毒后残留的只是部分嗜热菌、耐热性菌以及芽孢等，但这些细菌多数是乳酸菌，它们对人体有益；第二种方法是将牛奶加热到75℃~90℃，保温15~16秒，其杀菌时间更短，工作效率更高。但杀菌的基本原则是只要能将病原菌杀死即可，因为温度太高反而会有较多的营养损失。

长时间保证饮料的品质，一直是生产厂家关注的焦点。所有的液体食品都是益菌物质，尤其是牛奶。如果环境条件很差的话，牛奶会由于细菌的快速繁殖而变质，传统的巴氏消毒法将产品中的致病菌杀死以后，需要冷藏来防止变质，而无菌处理是将牛奶快速加热到140℃并持续几秒钟，然后迅速冷却，这样便达到了既杀灭细菌又保持牛奶的营养价值以及不同风味的理想效果；对果汁也可以用同样的方法处理，只是所用的温度稍微低一些。

（2）有些茶叶包装袋为什么是干瘪的

日常生活中，我们稍微留意就能发现有些茶叶的包装袋是干瘪的。这种干瘪的茶叶包装采用的是真空包装技术，这是一种将产品装入气密性包装容器后，抽掉容器内的空气，使其内部基本呈真空状态，最后进行封口的包装技术。它通过除去容器内氧气，使微生物失去生存环境，从而防止产品变质。此外，真空包装还常用于熟食、羽绒制品、纺织品等的包装。

（3）新鲜果蔬的气调包装

如今，人们能方便地购买到经过长途运输而依然新鲜的果蔬，这要归功于新兴的气调包装技术的发明（图5-25）。它由真空包装技术发展而来。早在20世纪30年代，欧美国家已开始研究并使用这种包装技术。

气调包装是将一定的理想气体（O_2、N_2、CO_2等）充入包装容器，在一定温度条件下改善包装内的环境，并在一定时间内保持相对稳定，从而抑制产品变质，延长产品保质期的包装技术。气调包装的原理是尽量减少包装内氧气的含量，增加氮气等惰性气体和二氧化碳的含量，目的是抑制细菌等微生物的滋生和减缓产品被氧化的速度。

图5-25 气调包装

知识点链接

真空包装技术：真空包装是将物品装入气密性容器后，在容器封口之前抽真空，使密封后的容器内基本没有空气的一种包装方法。

一般的肉类商品、谷物加工商品，以及某些容易氧化变质的商品都可以采用真空包装，真空包装技术不但可以减少或避免脂肪氧化，而且抑制了某些霉菌和细菌的生长。同时在对其进行加热杀菌时，由于容器内部气体已排除，因此加速了热量的传导，提高了高温杀菌效率，也避免了加热杀菌时由于气体的膨胀而使包装容器破裂。

（4）气体置换包装技术

薯片香脆爽口，深受青少年的喜爱，常见的袋装薯片都是鼓起来的，里面充满了气体，这就是最常见的充气包装。它是一种采用二氧化碳或氮气等不活泼气体置换包装容器内空气的包装技术，因此也称为气体置换包装。充入的不活泼气体能降低氧气的浓度，抑制微生物的生理活动、酶的活性和鲜活产品的呼吸强度，达到防霉、防腐和保鲜的目的。

充气包装多应用于食品包装中，如火腿、香肠、腊肉、烤鱼肉等，水产加工产品也常用充气包装。

（5）保鲜包装的科学原理

在超级市场，我们时常发现鲜肉、果蔬等食品大多被薄膜覆盖。为什么要用薄膜覆盖呢？因为它能保持食品新鲜。食品保鲜必须保持食物储存时吸收氧气、呼出二氧化碳的正常状态，使食品新鲜、色艳，保持原有风味。而食品上覆盖的这层保鲜膜是一种高分子材料，具有较高的透氧气、透二氧化碳的性能，可以让食品得到适量的氧气，使存储的食品保持新鲜。另外，它还能防止食物串味、脱水干瘪。这种覆膜的包装被称为拉伸包装，是由收缩包装发展而来的。它是早在1940年，由美国人发明，20世纪70年代才开始大规模采用的一种新型包装技术。

知识点链接

收缩包装：是先用收缩薄膜裹包产品，然后对其进行适当加热处理，使薄膜收缩而紧贴于产品的一种包装技术。该技术始于20世纪60年代中期，自70年代得到迅速发展。

（6）药片的最佳包装形式

以前，药片大多是用玻璃瓶包装的，然而玻璃瓶容易破碎，且较重、不易运输，给人们带来不便。自20世纪50年代泡罩包装首先在德国发明后，它克服了玻璃瓶包装的缺陷，逐渐成为药片的最佳包装形式。

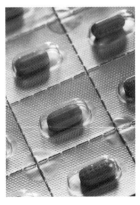

图5-26 泡罩包装

这种用黏合剂将铝箔和塑料片材紧密封合在一起的包装，只要轻轻地按下泡罩，就可以将药品取出来，克服了传统瓶装药片取用不便的缺点；而且，泡罩包装的铝箔表面印有文字说明，方便服用，不易造成混服和浪费。另外，它密封性好，防潮、防尘，重量轻，方便运输。

泡罩包装是药品包装常用的包装形式之一（图5-26），药品的泡罩包装的工艺过程大致为：塑料片材加热→薄膜成型→充填产品→覆盖衬底→热封合→切边修整。

除完成包装工序外，还可将打印、包装说明书、装盒等工序与包装线相连，组成全自动化泡罩包装生产线。具体步骤是：

(a)卷筒塑料薄片展开向前输送；

(b)薄片加热软化，在模具内压塑或吸塑制成泡罩；

(c)用自动上料机充填产品；

(d)检测泡罩成型质量和充填是否合格；在自动生产线上，常采用光电探测器，发现不合格产品时，将废品信号送至记忆装置，待冲切工序完成后，将废品自动剔除；

(e)卷筒衬底材料覆盖在已充填好的泡罩上；

(f)用板式或辊式热封器将泡罩与衬底封合在一起；

(g)在衬底背面打印批号和日期等；

(h)冲切成单个包装单元。剔除废品装置在冲切工序完成后，根据记忆装置储存的信号剔除废品。

(j)装说明书、装盒，成为销售包装件。

（7）激光全息防伪技术在包装上的应用

近些年来，市场上出现了很多假冒伪劣商品，这给社会和消费者造成了很大危害。目前，商家采用了各种不同的防伪包装技术来维护消费者的利益。其中，激光全息图像防伪是最常用的技术之一。

这是一种20世纪80年代最先在美国兴起的防伪技术，用它制成的防伪标识不易复制，撕下后图像就会变形，是一次性使用的标识。它用激光产生的光源拍摄下来的具有立体感的照片，经过特殊制作工艺，在日光或灯光下不同方位观看，会出现不同层次、色彩绚丽的图像。

另外，激光编码防伪、数码防伪、油墨防伪等也是商品常用的防伪技术。

知识点链接

激光编码防伪：激光编码主要用于包装的生产日期、产品批号的打印，防伪并非是其首要功能。由于激光编码机造价昂贵，只在大批量生产或其他印刷方法不能实现的场合使用，因而它能在防伪包装方面发挥作用。

激光编码封口技术是一种较好的容器防伪技术。在产品被充填完并封口加盖后，在盖与容器接缝处进行激光印字，使字形的上半部分印在盖上，下半部分印在容器上，一旦瓶盖打开，其上下部分的文字很难再次对齐，这样就达到了较好的防伪效果。

（8）防震包装

防震包装是利用一定的缓冲材料（如发泡塑料、纸浆模塑、蜂窝纸板、气泡衬里等）与技术，确保产品在运输、保管、堆码和装卸过程中免受损坏的一种防护技术。这种技术的原理是采用一定措施吸收外力冲击或震荡所产生的能量，从而减少外力对产品的破坏。

目前，主要的防震包装方法有部分防震、全面防震、悬浮式防震等。部分防震法常用来包装电视机、电脑等家用电器；全面防震法一般用来包装玻璃制品、陶瓷产品等；悬浮式防震法常用来包装贵重易损物品。

（9）大米包装是如何防止虫害侵蚀的

图5-27 防害虫大米包装

过去，人们时常直接将大米用陶制的米缸盛装，存放一段时间后就容易滋生害虫，而现在的袋装大米能存放更长的时间却不易被害虫侵蚀，因为这种袋装大米采用了防虫害包装技术。

防虫害包装的原理是通过各种物理因素（光、热、电、冷冻等）或化学药剂破坏害虫的生理机能，劣化其生存条件，抑制害虫繁殖或促使害虫死亡，以达到防虫害的目的。防虫害包装主要有高温防虫害包装、微波防虫害包装等（图5-27）。

知识点链接

高温防虫害包装：是一种利用较高温度抑制害虫发育和繁殖的技术，如烘干杀虫法。烘干杀虫法是将待装产品放在烘干室或烘道、烘箱内，使室内温度上升到65℃~110℃，把害虫杀死的方法。

微波防虫害包装：原理是在高频率电磁场的作用下，害虫体内的水分、脂肪等物质受到微波作用，分子发生振动，产生剧烈摩擦，生成大量的热能，使虫体内的温度迅速上升到60℃以上而被杀死。

（10）一种新型的防锈包装技术

我们知道，菜刀几个月不用，就会锈迹斑斑。在湿润的大气条件下，金属表面容易形成一层水膜，氧气及空气中各种杂质会溶解在水膜中，与金属离子发生反应而破坏金属表面，导致锈蚀。传统上常采用涂抹防锈油、防锈漆或防锈粉来防锈，但遇到具有细长弯曲小孔或有细窄盲孔的金属制件时，这些传统防锈方法就"束手无策"了。而新型的气相防锈包装技术能轻松地解决这个难题。

气相防锈包装是一种利用气相防锈剂来防锈的技术，其原理与樟脑丸防蛀相似。在常温下气相防锈剂不断升华，挥发成气体，这些气体紧紧地"趴"在金属表面，形成保护膜，切断了金属离子从阳极向阴极的转移，杜绝了金属生锈的条件。另外，气相防锈包装还常采用气相防锈薄膜、气相防锈纸等材料来防锈。

知识点链接

气相防锈剂：又称气相缓蚀剂，是一种能减慢或完全停止金属被侵蚀的主动防锈材料。在常温下，它能自由挥发，只要密封环境许可，就能够将防锈状态持续下去，而不像防锈油和涂料，涂层破坏了，防锈功能就失去了。因此，气相防锈剂的防锈保护期非常长，最长可达12~20年。

（11）包装中的烫金工艺

随着商品经济的发展，包装作为商品的"脸面"越来越受到广大商家的重视，常常被打扮得金光灿灿，看上去很高档。这种往包装"脸"上贴金的工艺称为烫金。烫金就是借助一定的压力和温度，运用装在烫印机上的模版，使印刷品和烫印版在短时间内合压，将金属箔按照烫印模版的图文要求转印到被烫材料表面的加工工艺。这种工艺增强了包装装饰效果，使包装光彩夺目、富丽堂皇（图5-28）。

（12）浮雕图文加工技术——凹凸压印

每逢佳节，人们都会挑选精美的贺卡给亲人、朋友送去祝福，其中有一类贺卡的文字、图案呈立体感，具有浮雕般的艺术效果。这种装潢工艺叫做凹凸压印，常应用于印刷和包装装潢领域（图5-29）。

图5-28（左）烫金

图5-29（右）凹凸压印

凹凸压印也称凹凸印刷。其工艺过程是先依照印刷画面上图文的形态和明暗层次制作出能完全咬合的凹、凸模版，将已经印好图文或未印图文的纸或纸板放置在两块模板之间，然后利用一定外力，将其表面压成具有立体感的凸形图案或文字，整个工艺过程不需油墨图。

5.2.7 前沿技术

（1）DIAM瓶塞

软木塞污染是最令葡萄酒行家以及消费者讨厌的事情，科学研究已证实TCA（2,4,6氯苯甲醚）是导致软木塞污染的罪魁祸首。目前西班牙研发出一种DIAM瓶塞，它将传统软木塞置于超临界状态（温度31.3℃，压力7.15兆帕）下的二氧化碳溶剂中，利用溶剂的高渗透性和高溶解能力，萃取出塞中TCA，从而达到最大限度地控制TCA污染的目的。DIAM瓶塞出色的高弹性和密封性能可与全天然软木塞媲美，而且还具有良好的空气交换性。

（2）可辨别葡萄酒真伪的"阿贡"瓶盖

过去几十年，买家在高档珍惜年份酒拍卖会上用高价买到赝品的情况时有发生。因为在不开瓶的情况下，买家无法确认酒的真伪。近期，美国阿贡实验室研究员罗杰·约翰逊和乔恩·华纳共同研发出一种新式电子瓶盖——"阿贡"瓶盖（图5-30），它能在不开瓶的情况下辨别葡萄酒的真伪。

图5-30 "阿贡"瓶盖

这种新式瓶盖内有一个完整的小型电路，外部带有USB接口，检测时，可用USB线将瓶盖与手提电脑相连。一旦瓶盖被移动，小型电路就会引发电脉冲，发出警报，这样就能检测出瓶盖是否曾被打开过。另外，每个"阿贡"瓶盖都有一个登记注册过的代码，它能防止造假者将"阿贡"瓶盖装到假的波尔多、勃艮地（葡萄酒产地）等葡萄酒瓶上。

（3）易开启包装的新技术——激光画线

激光画线是一种在多层复合包装材料上使用激光来实现"易撕开"效果的技术。传统工具容易将线画得太深，导致产品包装的复合层受到损坏；或者画线太浅，使得消费者需要花很大的力气才能撕开包装。如打开花生酱包装时，花生酱很容易溢出，尤其是一些封口过紧或设计不合理的包装最容易出现这种状况。

激光画线技术是一种更先进、灵活的技术，它能在不损坏整个薄膜的前提下，通过集中的激光能量，在薄膜层上恰当地画出易开启的撕开线，使消费者可以轻松地开启包装。同时，整个过程不接触到食品，且不会造成包装的磨损，以确保被包装商品的稳定性与可靠性。

图5-31 智能牛奶包装

（4）能显示食品新鲜度的智能包装

智能包装是指对环境因素具有"识别"和"判断"功能的包装技术，它可以识别和显示包装空间的温度、湿度、压力以及密封程度、时间等一些重要参数。

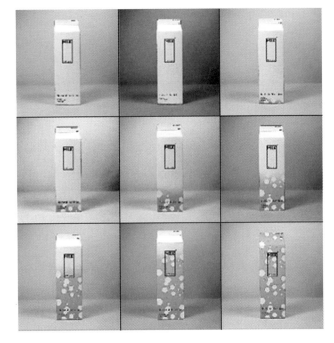

包装智能化是包装技术发展的一种趋势，现在国外发明了一种能显示内装物是否新鲜的包装。这种包装用来包装鱼类或海鲜，采用了四个带有能检测pH值变化的电子感应装置，其中一个安放在包装外部，另外三个放置在包装内部，这样便于形成对比；如果内部三个感应件色彩由黄变红，这说明内装物已经变质了（图5-31）。这种智能包装极大地方便了消费者对商品的选择，也较好地保证了消费者的利益。

（5）纳米包装技术

也许有一天市场上会出现一种遇高温不变形、不会爆炸伤人的塑料啤酒瓶，其很有可能是经过纳米技术处理过的塑料瓶。

纳米是长度单位，为10^{-9}米。纳米技术是指在纳米尺度上研究物质的特性和相互作用，以及利用这些特性的技术。纳米包装技术就是采用纳米技术对包装材料进行纳米合成、纳米添加、纳米改性或者直接使用纳米材料使产品包装满足特殊功能要求的技术。与普通材料相比，由纳米技术制成的材料具有较高的机械性能，使用寿命更长，可用于特种包装，如耐蚀包装、防火防爆包装、危险品包装等。另外，纳米包装材料生态性能较好，具有很强的紫外线吸收和光催化降解能力，可通过降解作用避免对环境造成危害。

（6）商品包装上的第二代条形码——RFID

RFID是射频识别技术"Radio Frequency Identification"的缩写，通常称为电子标签。这是一种非接触式的自动识别技术，它通过射频信号自动识别目标对象并获取相关数据（图5-32）。RFID标签具有可读写、反复使用和耐高温、不怕污染等传统条形码所不具备的优势，处理数据过程无需人工干预。

RFID的基本工作原理是：标签进入磁场后，接收解读器发出的射频信号，凭借感应电流所获得的能量发送出存储在芯片中的产品信息，或者主动发送某一频率的信号，解读器读取信息并解码后，送至中央信息系统进行相关的数据处理。

图5-32 RFID射频技术

RFID标签被广泛地应用在包装上，如英国政府为了达到控制烟草行业的走私偷税和伪劣造假的目标，规定必须在香烟盒子上贴上RFID标签。

（7）蒸汽无菌包装技术

根据市场需求，在常温下可以使食品保质期达一年的无菌包装很受欢迎。这些无菌包装都是用双氧水或其他化学制剂作为灭菌介质，以达到无菌状态。但这些灭菌介质的残留物有可能污染产品或影响消费者的健康。

2002年荣获了世界包装金奖的德国某公司的蒸汽无菌塑杯包装，采用了蒸汽无菌包装技术，克服了一般无菌包装的缺点。此项技术不采用任何化学制剂，不对环境造成污染，是一项绿色包装技术。蒸汽无菌包装技术采用饱和的纯净天然蒸汽作为杀菌介质，用蒸汽压力所产生的持续高温，使微生物与孢子充分受热死亡，实现产品、包装材料的无菌化。蒸汽杀菌后的包装材料通过锁合的无菌通道进行密封，有效防止再污染。这种环保型无菌包装技术在酸奶、婴儿食品等的包装中都非常适用。

（8）全新的感官型包装技术

现代科学证明，香味可以激发愉悦的情愫，人类嗅觉的记忆比视觉的记忆更加强烈。如今商家开始开发感觉包装，利用带有香味的包装吸引消费者，使其产生购买冲动。

2007年，西班牙的Eastman Chemical Company、Euro fragrance，美国的Rotuba和韩国的EJ Pack四家公司共同推出了带香味的包装新理念——"巧克力制品"。"巧克力制品" 由玻璃聚合体注射吹炼工艺制成的罐和盖组成，里面装有巧克力、香草和橙子香味的乳霜，但实际上香味是由包装盖发出的。散发香气的盖的外部由Auracell聚合物制成。利用浓缩技术，把香精输入到这种聚合物中，就能持续释放香味。这一理念的推出将为化妆品及个人护肤品带来全新的感官型包装。

感觉包装是指可以让消费者对包装产品有一种直觉上的感受的包装技术，包括触觉、视觉或嗅觉等方面的感觉。比如说有些感觉包装提取内部产品的气味来吸引顾客，如烤面包、巧克力或水果气味，提取出的气味被融合在胶黏剂或涂料中，使整个包装充满了诱人的味道。

（9）钱夹式药品包装

钱夹式包装起源于20世纪80年代，用于一些在特定的周期内需要有规律服用的产品，随后被广泛应用于医药业。

钱夹式药品包装（图5-33），是将药品的内包装（铝塑板）和外包装（纸盒）紧密地结合在一起，其目的之一就是为了使说明书、铝塑板和包装盒三者从制造环节到用药成为一体，不仅在制造时保证安全，而且在用药过程中也保证消费者能够按照正确的说明方法安全用药，不会因为包装破损或说明书遗失而导致误服或错服。这一新的包装形式也给包装供应商提出了新的要求，因为他们只有为制药企业提供更安全、更优质的包装产品，才能适应制药企业的高要求，最终保证消费者的用药安全。

图5-33 钱夹式药品包装

（10）"指纹"包装

伦敦商学院纳米技术系教授Russell Cowburn研制了一种新型的包装技术，以包装材料表面的纹理特征作为一种"指纹"信号，检测商品真伪，这种技术称为"指纹"包装技术。这种技术的工作原理是用高端的低功率激光束扫描器对包装的表层进行扫描，由于表层微观不规则性会产生"光斑"，这些"光斑"是一种独特的"指纹记号"，它们被扫描器读出并存储在中心数据库内，或用加密条形码印在包装上，在需要检验包装真伪时，可以重新读出该"指纹记号"，并和数据库中存储的指纹或条形码进行比较。

（11）双层保护的面包包装

法国发明家Joel Gourlain开发了一种新颖的包装，可以让面包的新鲜口感更加持久，同时减少了霉变，降低了生产成本。他设计的双层包装系统采用可生物降解的微穿孔薄膜将面包包裹，再放入一个较大的包装袋中，并在两层包装袋中间注入一种改性气体混合物。这种气体混合物的分子不能通过薄膜微孔，不会接触到面包，因此也不会影响到面包的味道，但是可以稳定湿度，并且防止湿气破坏面包的质量。在整个运输和销售过程中，这种包装能对产品进行贴身保护，保质期可以延长2~3个星期。

6

包装艺术

6.1
包装装潢

在产品多元化的时代，商家靠包装的装潢设计来吸引消费者，刺激他们的购买欲望，包装因此成为"无声的售货员"。包装装潢是包装设计的一个重要环节，在产品与消费者之间起着传递信息的媒介作用，主要是从审美的角度来诠释包装的设计理念和产品信息。它以图形、文字、色彩等艺术形式，运用视觉心理、审美情趣，按一定的设计原理突出产品的特色和形象，力求图案新颖、文字鲜明、色彩明朗，以促进产品的销售。我们在产品包装视觉传达设计过程中要把握其规律，创造出宜人适时的视觉享受。下面以经典案例的形式介绍国内外包装在装潢艺术方面的一些特点。

6.1.1 国内包装

案例一：剑南春酒包装

剑南春酒产于四川省绵竹县，已有一千多年的酿酒历史。早在唐代武德年间（公元618～625年），就有"剑南之烧春"之名。因唐代人以"春"名酒，而绵竹县又位于剑山之南，故命名为"剑南春"。剑南春酒属浓香型白酒，芳香浓郁，醇和甘甜，余香悠长，具有独特的"曲酒香味"，在国内外享有极高的美誉。

作为中国名酒之一的剑南春酒，其包装设计在融入中国传统文化与设计元素的同时，也采用了现代防伪与包装成型的新技术。采用传统的陶瓷作为包装容器，因陶瓷具有一定的透气性，能促进白酒的老熟，从而保持酒质不容易产生异味。口部用古代包装中常用的封口标进行粘贴，这种独特的封口形式既显得古色古香，又与剑南烧酒的历史性相符合，同时在功能上起到了防伪作用。

外包装盒为深红色，造型方正典雅，背景上隐现出优美的中国书法——真、草、隶、篆四种书体，显得古色古香。书法内容为"唐剑南烧春"、"宋蜜酒"、"宋鹅黄"（四川产鹅黄酒，传承于唐宋时期，沿袭古法酿酒工艺，酒体呈"鹅黄"色，醇和甘爽，绵软悠长），以体现剑南春酒的历史渊源。外包装盒顶部也用一白色封口标粘贴，与包装容器相统一，封口标记载的内容是唐代中书舍人李肇著《唐国史补》中的一句，书法风格隽永，其津津有味地把"剑南春之烧春"列入当时天下名酒之列。在主体装饰上采用古文朱批的章法，同时钤印篆书"御品"，体现了剑南烧酒的厚重与尊贵。在与历史的时空交错中，品味出剑南烧春的古色古香。除此之外，其外包装盒的开启方式也颇具特色，采用金黄色兽面衔环的铜扣，既具有装饰性，又显独特，体现了设计师对包装细节的注重。

另一款酒包装，装饰风格与上一款十分相近。在包装造型结构上，以中国古建筑和家具上的榫卯结构为设计灵感，将精美的酒瓶包装镶嵌在木质的外包装盒中。以"玉玺"为口，"圣旨"为托，瓶身书"剑南御品"，皇家典范藏于其中，彰显了此酒的尊贵品质。

这两款酒包装在设计上，将中国传统文化与历史融入其中，书法、印章、陶瓷、朱批以及文献等元素的运用与结合，使得整个包装在形式美感上以及文化内涵上都与中国风格丝丝入扣，体现着中国传统审美的典雅与和谐。

剑南春酒包装图示：图6-1、图6-2。

图6-1　图6-2

案例二：舍得酒包装

这款颇具哲学意味的包装是由许燎原先生于2001年所创作。许燎原从1993年涉足包装领域以来，一直倾力于民间传统手工艺与现代工业的融合，寻求艺术的未来。作为酒类包装设计的知名设计师，设计过多款四川名酒包装，舍得酒是其中之一。

舍得酒的包装几乎舍弃了所有的繁杂：方形盒体，简单而平实，上下色块分割，大胆运用以凝重、朴实的咖啡色和纯净的珍珠白对比，在色彩上就打破了传统，凸显了品牌个性，无论是品名还是品位都给人耳目一新的感觉。作者将手写书法体的"舍得"二字置于单纯到极致的底色上形成图与底的关系，在形式上达到了高度的统一。文字的排列及线、块、色彩的组合营造出一种完整、和谐的视觉空间。传统书法艺术的运用，既能传达文字信息，起到介绍、宣传商品的作用，又能表现其独特的艺术情趣。

舍得酒不仅有优越的内在品质，其文化底蕴也非常丰厚：舍与得是人生的一种取舍，是对人生的一种深刻领悟，懂得舍与得是人生的一种大智大慧。舍得酒正是传承了"舍"与"得"这一深邃悠远的文化思辨理念，并将此理念在现代生活中诠释得更为新妙。舍得酒以富有哲学意味的手法彰显舍得的人文底蕴，暗含有舍有得，取舍有道的人生旨趣，使人们在品味点滴珍酿之间更能深深感悟到人生的永恒真谛。随着传统包装主题与现代包装设计理念惟妙惟肖结合的商品包装大量出现，商品包装这一充满希望的产业正以方兴未艾之势，以传统的设计元素传递出现代设计美学思想，体现了传统与现代的融合，东方美学与西方现代设计理论的融合，体现了我国包装设计的发展趋势。

舍得酒包装图示：图6-3、图6-4、图6-5。

图6-3（左）舍得酒包装（1）

图6-4（右）舍得酒包装（2）

图6-5（下）舍得酒包装（3）

案例三：水井坊系列酒包装

水井坊，作为"中国白酒第一坊"，始于元朝，为我国历史上最古老的白酒作坊。设计师陈小林先生从水井坊包含的深厚的中国传统文化及其流露出来的东方神韵得到灵感，为水井坊设计出具有现代艺术品味，高贵典雅的包装。纵观水井坊包装，其包装的视觉表达与中国传统哲学"五行"相关联，体现了浓郁的民族传统文化和历史文化渊源。

金：瓶盖使用金属盖，图形用烫金工艺，锁扣用狮头铜环金属附件，瓶签用金色印刷，将"金"的概念用具体可视物表达。

木："木"则采用木质基座来表现。首先它容易与上部纸结构结合，没有生疏感，其次方便金属锁扣的实现，加工性能好。在此基础上可赋予基座第二次使用功能，经过类比分析，最后将它在外形不变的情况下做成一只精美的木质烟灰缸，而酒和香烟又有消费关联，同时它也是产品形象持续传播的载体，让人一见就能联想到产品，一举两得。

水、火：酒乃"水赋形，火赋性"。"水"是酒的主体，是自然的，但它又是被异化了的，内含一种魅力。"火"却充分张扬出"酒"的内在品格和属性。

土："土"是白酒得以酿成的最基本母体，没有土壤微生物对粮食的催化转变，白酒就无从诞生，它是酒的基础。

水井坊包装将民族文化与酒的内在联系这种隐含的属性展现出来，承载着产品的属性和文化的概念。

包装中的瓶形设计简洁，既承载了传统的文化、历史，而又不失个性。瓶形采用玻璃材质，因为玻璃瓶可以回收，又能表现中国白酒玲珑剔透的酒质，而且适合罐装，对生产批量化都具有较好的工艺实施优点。玻璃瓶的单价比较低，符合成本定位目标，就包装设计的系统考虑来说，成本的有效控制是产品获利的有效途径。瓶底内凸的六面象征古井台，井台上六幅历史文化景点图运用了中国传统鼻烟壶技艺再现酒坊的历史渊源，表现出了浓郁的传统文化气息，作为观赏亮点，它符合稳重、华贵、经典的品牌诉求，使整个包装熠熠生辉。精致的木台基座是从古代帝王登基台上得到的启发，展现出中国的高贵与威严。纸盒设计简洁明快，采用再生工业纸板外裱特种纸，运用了平版印刷及烫印等各种印刷技术，有种古朴典雅之意蕴，给人以悠远回味的视觉享受。

水井坊包装承载六百年中华传统文化的精髓，彰显现代艺术美的典范，无论外在和内涵，每一点滴、每一细节皆散发出浓郁的中国文化韵味，呈现高贵典雅气质。水井坊包装荣获第30届"莫比"包装设计奖和最高成就奖（全场总评）。水井坊酒拥有6项国家专利，是目前国内拥有专利最多的酒包装。其创新环保的包装理念在业内独树一帜。

水井坊系列酒包装图示：图6-6、图6-7、图6-8、图6-9、图6-10。

图6-6　图6-7

图6-8　图6-9　图6-10

案例四：凤凰奇境酒包装

这款凤凰奇境酒包装是设计师冯小红、陈磊2005年创作的作品。此酒产自北京西山的凤凰岭，产品定位在高端白酒市场，重点突出了北京浓郁的地方文化特色，并以此作为代表北京特色的高档馈赠品。在瓶型设计上将北京传统宫廷文化中的鼻烟壶内画技术与现代工艺巧妙地融入这款设计当中；在制作上采用独具特色的双层对接结构，敦厚典雅，瓶底映衬出浓淡相宜的水墨内画，在酒液的折射下展现出神奇的意境，给人一种心旷神怡的视觉审美效果；在外盒印刷上则采用了特殊的工艺表现方式以传达出"凤"纹的肌理效果，体现出了视觉和触觉的双重感受，以鲜明的个性和独特的气韵凸显出了其品牌。手写书法体的产品名称——"凤凰奇境"四字骨力遒劲、飞动自然，为这款具有本土文化气质的包装增色不少。

该款包装在突出地域文化特色的同时，在设计上力求做到传统与现代的交融，本土化与国际化的共生，将传统文化融入现代设计语言中，展现出了时代感、个性化、时尚感、精致化特征。该包装设计荣获"2005世界包装之星"奖。

凤凰奇境酒包装图示：图6-11。

图6-11 凤凰奇境酒包装

案例五：高炉家酒包装

位于皖北的高炉镇是一个充满神奇色彩的地方，考其历史，源远流长。据载，春秋时期伟大的思想家、教育家老子曾在此设炉炼丹，开坊酿酒，至今坊间仍广泛流传着"畅饮高炉老君酒，仙人相陪天上游"的美好传说。东汉末年，诸侯争霸，一代枭雄曹操击退袁绍之后，曾屯兵高炉，建高炉数十座，广征天下名师，开坊酿酒，犒赏将士。沧海千年，雄风犹在，这古老的酿酒工艺便在皖地代代相传，每当粮丰谷满时，家家都用上好的稻米来酿造美酒。这古老而经典的酿酒工艺代代相传，造就了高炉酒沁人心扉的醇香。

这套高炉家酒包装运用徽雕、徽画、徽派建筑等元素，呈现出一幅具有人字形房顶的瓦面，下部映衬出淡淡的徽派民居图形，将徽派文化的一砖一瓦一窗巧妙地融入包装设计中，空间变化韵味有致，颜色素雅淡泊，气质优雅低调，极具品牌个性。这款酒包装设计以深厚的徽派文化为基点，设计取意于一个"家"字，并用铭牌的形式融入其中，既在平面展现出体量感，又凸显了商品的尊贵。"家"字的衬托使整部作品显得柔美且不拘小节，让人们感受到一种和谐、典雅的独特韵味。酒盒上部四周的冰棱纹，象征徽州民居特有的丰神秀韵；两侧的马头墙以及四方盒底，象征钟鸣鼎食的高门大户曾有的荣耀；酒盒底部淡雅的水墨画描绘出一幅江南水乡的隽秀风景，高炉"家"酒的每一个设计细节无不透露出浓浓的徽派意蕴。这款包装曾荣获2005年中国"包装之星"优秀奖。

高炉家酒包装图示：图6-12、图6-13。

图6-12　图6-13

案例六：可采化妆品系列包装

这是一款由广州黑马广告公司创作的可采系列包装设计。作品在文化定位上，一直有一个很明确的诉求点——汉方(中医的别称，中国台湾地区以及海外多称中医为"汉方")。在可采眼贴膜的包装上采用中国画小写意的手法描绘出多种天然名贵中药的形象来表现产品的功效，进一步强化了产品具有中药、古方等天然功效；与此同时，"汉方"这一概念也可引起消费者更深远的联想。画面以白色为底，中国蓝印花布的靛蓝色为主色调，色调古朴、典雅，似青花瓷特有的韵味，看上去像一款美丽的时装，给人以清新、淡雅的视觉享受，能够引起女人对漂亮时装的联想，极具国际品牌时尚化效应，开创了中国青花语汇进入商品包装领域先河，并触发了中国包装设计的一股青花热潮。一种秉承历史文化的气息赋予了可采独特的文化内涵，无形中增强了产品的说服力，从而令功效更具保证。

可采眼贴膜以"汉方"为诉求点，适应了人们对崇尚天然和健康的心理追求，在画面中充分运用的中国传统元素更符合国人的审美情趣，因此受到广大消费者的青睐。可采的包装与产品的定位十分吻合，传统中国元素的运用并非浮于表面，而是融入产品的特点与功效，深入其内涵，紧扣女性消费者需求；现代包装设计理念的运用，使可采的包装在古朴、素雅的设计外观上增添了时尚、唯美的国际化品牌效应。更为可贵的是，可采的包装还成功地诠释了产品的营销战略，在包装上以26种名贵中草药表现产品功效的同时，凸显了产品的诉求重点，传递出如何解决女性消费者肌肤所面临的问题的信息。可采包装成为一个成功的"导购员"，起到了商业广告的作用，实现了"包装诉求化，诉求包装化"的理念。

可采的包装设计成功之处不仅是其外观装潢，更重要的是透过视觉图像介绍了产品的特点，成功进行品牌营销，并以此建立了品牌的市场地位，大大提升了产品的市场销售额，引领企业进入一个新的发展历程。可采的包装设计充分体现了现代中国包装设计创新的途径，即清晰传达信息、表现品质、独特出众、准确表达的市场定位，设计出具有强烈视觉冲击力，蕴含丰富文化的作品。该作品获得2001年全国平面设计大赛评委推荐奖、亚太设计2002展优秀奖、中国之星奖、广东之星金奖，并入选《2000～2001中国设计年鉴》。

可采化妆品系列包装图示：图6-14、图6-15、图6-16、图6-17。

图6-14　图6-15
图6-16　图6-17

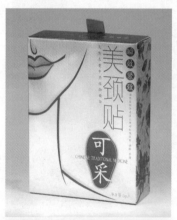

系列包装又称家族包装，是指把同一商标品牌，不同种类的产品用统一的形式、统一的色调、统一的形象、统一的标识等进行统一的规范设计，使造型各异，用途不一却又相互关联的产品形成一种统一的视觉形象，这样便形成一个家族体系。它的优点是使商品看上去既有统一的整体美感，又有多样化的变化美。由于一种视觉形式的反复出现，重复强化，它给人的印象深刻而强烈，容易识别和记忆，加深了影响，是一种吸引顾客和促进销售的强有力手段。

案例七：五粮粽包装

五粮粽包装选材独特新颖，采用箬叶为内包装，竹为外包装。用箬叶将粽子用自然包裹的方式来呈现其原生态特性，包裹后的三角锥造型美观大方，给人一种视觉上的稳重感。叶面再用草绳捆扎，显得既原始古朴，又清新自然。用三角形竹筐包装，体现了竹木材质的独特魅力，竹木清新宜人，色彩自然、舒适。竹不仅具有普通天然材质的物质属性，其意义还表现在文化意味上，让人联想到独特的中国文人气质和内涵，具有深刻的美学意义。两种材质不但便于取材和加工成形，而且纯粹取之于天然，符合现代社会积极倡导的"绿色环保"理念，体现了人、设计物和环境之间的和谐，与中国传统哲学的"天人合一"观念相吻合。

从装潢来看，只用了红黑两色块和金黄色隶书题字，字体饱满，象征历史悠远，书法行书小字题款，亦体现自然、舒畅之感。色彩上运用黄、黑、红三种中国民间色彩，并用红纸封口，传统、喜庆，具有浓郁的民族特色，同时造就了产品独特的视觉魅力。传统节日礼品包装中使用天然材质不仅能触动人的情感，带来愉悦感，更能体现悠久、厚重的文化气息。在传统节日礼品包装中使用天然材料主要应当以竹木、布麻和陶瓷类为主，既便于取材和加工，又符合绿色包装的要求。

五粮粽包装图示：图6-18。

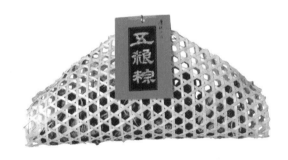

图6-18 五粮粽包装

案例八：屈臣氏蒸馏水包装

屈臣氏集团成立于1828年，时至今日，该集团已成为全球知名的零售及制造机构，集团旗下共经营超过3300间零售商店，种类包括保健及美容产品、食品、电子、百货以及机场零售业务。此外，屈臣氏集团更是历史悠久的饮品生产商，制造及供应一系列瓶装水、果汁、汽水及茶类产品。该集团在包装方面做了许多创新突破，如1977年，首次推出塑胶500毫升零售瓶装蒸馏水；1994年，首创蒸馏水机"防漏密封"系统；2000年，推出内置手柄、流线型"易提式水瓶"，令换水更轻松容易。

这款屈臣氏蒸馏水包装是由香港著名设计师刘小康先生所创作。刘小康先生1958年生于香港。1988年，刘氏应靳埭强先生之邀请，合力成立"靳埭强设计有限公司"，于1996年易名为"靳与刘设计顾问"。至今，刘氏获香港及海外之奖项超过250项，其中为屈臣氏蒸馏水设计的水瓶获得"瓶装水世界"全球设计大奖。在诸项水瓶设计中，刘氏成功地将艺术与文化、设计和商业触觉的元素结合，同时达到提升品牌市场占有率和促进本土文化的效果。

具有百年历史的香港蒸馏水生产商屈臣氏，以充满活力和创意的全新形象亮相国内市场上。换上了全新的公司标志和颜色，新包装和新的公司标志沿用了绿色为主调，但改用了较活泼的鲜绿色，一方面继承了屈臣氏以往专业以及清纯的形象，另一方面则给消费者带来屈臣氏蒸馏水的朝气和活力。更推出了让人眼前一亮、充满新鲜感的新包装屈臣氏蒸馏水：流线型的瓶身，简洁时尚的绿色包装以及独有的双重瓶盖和水滴凹纹等独具匠心的设计更加方便消费者使用，这些深浅不一的凹纹设计确保了塑料瓶身的坚固程度。设计师将这种机械压制技术与美学目标结合在一起，把单纯的"水"变成了一款独具时尚品位、尽显个人风格的产品。随着国内消费者对生活品质要求的不断提升，屈臣氏蒸馏水作为清纯、时尚的象征一定会得到越来越多消费者的青睐。该包装产品获得了第十四届香港印制大奖包装印刷优异奖。

屈臣氏蒸馏水包装图示：图6-19、图6-20、图6-21。

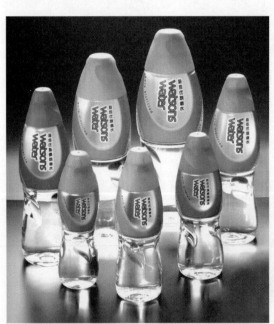

图6-19　图6-20
图6-21

6.1.2 国外包装

案例一：本格食品包装

整套系列包装均以一个长相十分讨好的孩童形象为装潢的主题。包装上的角色设计十分可爱，具有鲜明的个性特征，富有情趣，极具感染力，醒目跳跃的红色让消费者一眼就能够在货架上看到它，可迅速进入人们的记忆。一个长相十分讨好的孩童正欢快地吃着面条，使人立刻想到熟悉的蜡笔小新等卡通形象，充满了童趣。说明性文字运用了充满童稚的手写体，让孩子们觉得这是属于他们的文字。这款包装既经济实惠，又兼顾了POP的功能：小家伙心满意足地大口吃着面条的场景，传递出产品可口味美的信息。产品和图形的和谐组合，使得这款本格食品包装称得上是名副其实的经典之作。

整套包装在颜色上以红色为主，黑色为辅，而独立的筷子小包装则以米色为主，整体上形成了明快、亮丽、雅致的视觉效果，加强了视觉冲击力。在图形和文字的设计上，儿童形象的外轮廓和文字都是黑色，与红色的背景形成鲜明的对比。儿童形象为产品的标志，凸显了产品的性质和特色；文字则不但起到了传达商品信息的功能，还具有美化包装的作用。米色的筷子独立于小包装上的红色印章与红色包装上的米色印章之间，相得益彰，互相呼应，加强了整套包装之间的联系，系列化更强。总而言之，这组系列化包装简洁大方，展示效果好，视觉感强，极具感染力。不论是卡片和POP的制作，还是包装的方式、组合、装潢，均充满童趣，而且具有一种日本民族文化的特色。

包装设计的情趣可以表现为一种色彩、一个造型或者是一个角色设计。富有情趣化的包装设计使产品与消费者之间搭起了一座心灵沟通的桥梁，把消费者与产品有机地联系起来，并用一种轻松自然的表现方式拉近消费者和产品之间的距离。

本格食品包装图示：图6-22、图6-23。

图6-22 图6-23

案例二：Tesco Tortilla Chips系列包装

这是伦敦Pemberton & Whitefoord设计机构为零售商乐购（Tesco）创作的Tortilla

Chips系列包装，是一款典型的"幽默包装"，以其独特的趣味性荣获2008 Pentawards包装设计奖食品类白金奖。设计师创造了一个生动的人物形象——墨西哥强盗（The Bandito），并根据薯片不同的口味，搭配了不同的场景、着装，他的表情也跟着变化，而不变的就是他的坐姿，为这种非常普通的大众化食品增添了些许幽默感。如在Cool Bandito款包装中，他身着夏威夷衬衣，戴着一副太阳眼镜，手拿一部手机，悠闲地享受阳光的沐浴；而在Barbecue Bandito款包装中，在炎热的沙滩上，他脸上抹有防晒霜，腰上系着一根麻绳并别着一瓶防晒霜，这幅装扮着实让人忍俊不禁。这款包装除根据这一人物形象的不同来体现不同口味之外，还以红、黄、蓝等色彩来显示出不同口味的薯条，与"The Bandito"形象相得益彰，既富有浓郁的地方特色，又具有诙谐幽默的情调，达到引人入胜的意境和轻松谐趣的艺术效果。除此之外，强烈的颜色设计极大地增强了Tesco Tortilla薯条包装的终端展示效果。

这款包装堪称"幽默包装"的范例，主要通过抓住产品的特性，发挥丰富的想象力，以漫画、摄影等形式，通过夸张、比喻、拟人的象征、含蓄的表现技巧，收到了引人入胜的意境和轻松谐趣的艺术效果。

所谓幽默包装，又称趣味包装，主要是指在造型及装潢上采用比喻夸张、拟人等手法及别出心裁的构思设计，增添包装的趣味性及幽默感，以吸引顾客，达到促销的目的。

Tesco Tortilla Chips系列包装：图6-24、图6-25。

图6-24
图6-25

案例三："馎面"系列包装

"一家人"彩绘包装盒（1988年）

这是日本设计师秋月繁先生的自主设计作品，表现父母子女一家四口的画盘。包装盒是桐木做的镶嵌工艺盒。把眼睛、鼻子、嘴全用条锯锯下，上色后重新镶嵌。盘面及包装盒上的人面图案用色沉静、素雅，表现了一家人的甜蜜与和谐。

达摩镶嵌盒（1988年）

这是日本设计师秋月繁先生的自主设计作品，盘面及包装盒上的人面图案"达摩"用色大胆，造型简练概括，略施怪异却绝不哗众取宠。这正是秋月繁设计作品中特有的艺术风格。

达摩一百零一式（1984年）

这是作者为了置放自己的收藏品而制作的布面盒。盒内侧是纸裱的，插图是用丙烯树脂颜料画在纸上的。把从全国各地收集的具有浓厚地方特色的101个微型达摩放在4层小盒中收藏。此作品曾被国内外设计杂志多次刊载。

三层叠桐木镶嵌盒

三层叠桐木镶嵌盒是从日本传统的盛食物用的"叠层方木盒"中得到启发而制作的。在桐木材上涂上颜色，作为点心盒使用。实际上"叠层方木盒"是涂漆的，里面装有五颜六色的新年或节日菜点。

以上几款包装的设计者秋月繁先生于1930年出生于山东省青岛市，1945年日本战败回到日本，1978年作为日本设计团体协会友好访华团的一员再次来到中国，实现了访问中国这个梦寐以求的愿望。在以后的二十几年里多次来华进行设计交流，为中日文化交流作出了重大贡献。秋月繁先生说自己不是一个商业工作者，因此在制作自主包装设计作品时，一般的程序都是把设计的图纸交给木工艺人，木工艺人按照他的设计图做成立体作品。版画、陶艺、木盒、绚丽的色彩、夸张的脸谱是秋月繁设计作品的一大特色。

作为经济快速发展，生活日益西化的日本，却很好地保留和继承了本民族优秀的文化遗产。在日本民族包装上，装饰风格体现了本民族的传统审美风格。秋月繁先生的包装设计作品，吸收了江户时期都市文化的审美风格以及乡土民俗文化的朴实装饰手法，体现了装饰工艺的技巧性。设计师惯常以日本的土俗面和乡土玩具作为素材进行艺术创作，其包装盒多采用桐木制品，极富日本民族文化特征。日本设计师秋月繁利用日本乡土玩具和"傩面"为素材设计的系列产品包装，选用乡土面具那质朴而有象征性的表情，对其进行变形处理，既体现了产品的特性，表达了朴素的温情，又具有功能性、合理性，是商品价值和艺术价值的完美统一。

"傩面"系列包装图示：图6-26、图6-27、图6-28、图6-29。

图6-26

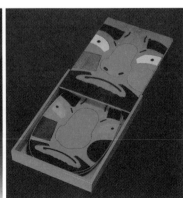

图6-27

图6-28

图6-29

案例四：100% Chocolate包装

100% Chocolate Cafe是日本东京一家生产巧克力的咖啡生活馆，馆内的装潢设计由日本著名的室内设计公司Wonderwall的片山正道（Masamichi Katayama）主持，装饰风格简约典雅；而平面设计和产品设计工作是由Groovisions团队承担。

这是由设计师伊藤弘创作的一款非常精致的佳作，流露出一种国际主义风格特征，具有较强的时尚感。在包装的主展示面上，对文字的大小、粗细、行距、字体的选用都是那么讲究、周到、完美，字体在各种色彩的映衬下，显得非常醒目。通过无饰线字体和艳丽的色彩表明每个色彩和数字分别代表着不同风味和国别的巧克力，具有明确的指示和识别功能，而且具有不同的象征寓意。例如：标有数字01的巧克力来自科特迪瓦，02则是来自加纳的巧克力，消费者在购买时可以自由搭配自己喜好的颜色和数字组合，有种自我设计的趣味性，得到了众多消费者的青睐。整个包装上的字体设计也张弛有度，大小排列合理，版式构成的视觉流程明晰，与明快的色彩相得益彰，货架展示效果突出。

图6-30 图6-31 图6-32　　　100% Chocolate包装图示：图6-30、图6-31、图6-32。

案例五：糕点包装

这是一款日本糕点的礼品包装设计。日本是一个非常注重礼仪的国度，"礼"是日本文化、伦理的基本要义，在日常生活中，礼是一种社会秩序与交际程式。日本人逢年过节均有互赠礼品的习俗，每年馈赠和礼尚往来的季节也就是包装传递着情礼的季节。

在包装主展示面上，以剪影效果展现出三只轻灵超脱的仙鹤，口吻线条突出，在白色背景下衬托出图形鲜明的轮廓。仙鹤，在日本传统文化里有着吉祥、长寿的寓意。产品名称以书体中的行草表现，流畅而轻盈，在黑色背景下，清晰而醒目。版式的构成也颇具日本包装的特色，图形周围巧妙地留白，讲究空白之美，形成一虚一实的独特空间关系，从而达到集中视线和造成空间层次的变化效果，达到一种具有"禅意"的美学意境。独特的盒型设计也是此款包装的一个亮点，八面形的纸盒给人一种新颖、大气、稳重的心理感受。而另一款四面形的纸盒由中部向两侧打开，具有良好的展示效果，内部结构合理，打破了一般依靠间壁来保护内包装的方法，使产品紧凑地贴合在一起，既节约了空间，又达到保护产品的功能性目的。

图6-33 糕点包装

糕点包装图示：图6-33。

案例六：巴宝莉（Burberry）香水包装

1891年，巴宝莉在英国首都伦敦Haymarket开了第一家店，现在那里仍是巴宝莉公司的总部所在地。凭着传统、精谨的设计风格和产品制作，1955年，巴宝莉获得了由伊丽莎白女王授予的"皇家御用保证(Royal Warrant)"徽章。今天，巴宝莉经典的格子图案、独特的布料功能和大方优雅的剪裁，已经成为了英伦气派的代名词。

这是巴宝莉公司推出的由Fabien Baron设计的新款男士香水——Burberry Brit。该品牌包装设计既忠于品牌传统和创意精神，又完美地将时尚和香水完美结合。与以往设计最大的不同是在于其包装上，以方形瓶身取代之前惯用的圆柱形瓶身，而且第一次将巴宝莉的标志性图案——Trompe-l'oeil编织图案的格子斜纹帆布包裹着半透明的深棕色玻璃瓶，以简单的设计充分表达出巴宝莉的风格特质。与此同时，包装的外盒也是与瓶子采用统一的格纹图样，洋溢着优雅活泼的英伦风情，给人一种简约含蓄的独特美感。格子图案的布局呈粗细垂线相间，黄金分割的比例带来了稳定协调和规整的视觉美感，有光泽的塑料瓶盖和暗哑的帆布瓶套形成了鲜明材质的对比，可以被视为是对那些外表温和内心刚强男士的一种暗喻。瓶子的外形、材质、色彩或者图案，在视觉上都产生了和谐、平衡、精致完美的感觉。外盒上印着往往只有时装上才用的织物商标，像一块缝在格子布上的标签，它暗示着香水与早已闻名全球的时装一样具有高品质及文化内涵，使Burberry Brit香水在充满了尊贵气息里带着一点俏丽的气息，香水与气质形成了完美融合，这就是从包装上展示商品的独特气质。

巴宝莉（Burberry）香水包装图示：图6-34、图6-35。

图6-34 图6-35

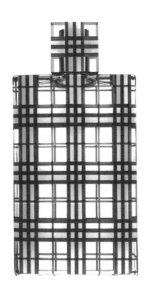

案例七：星巴克（Frappuccino）牛奶咖啡包装

1970年以前，西雅图与其他美国城市一样，没有好的咖啡与好的咖啡馆。就在这一年，3位咖啡发烧友在西雅图创办了"星巴克"，远涉重洋采购，精心制作，使走进其店铺的每个人都能享受到香醇的咖啡。假如后来没有推销员舒尔兹的加入，星巴克可能至今只是西雅图无名街道上的一家特色小店。舒尔兹先是被咖啡的味道感动，继而用它去感动别人。他先是说服店主让他加盟，继而干脆买下星巴克，倾注了全部的心血，以宗教般的热忱，进行先是北美、继而全球的扩张。今天的星巴克在全球有1.3万家分店，标准售价4美元／杯，年利润80亿美元。舒尔兹有两句名言，其一是："我们的目标不是填饱肚子，而是充实灵魂。"其二是："中国人不喝咖啡，但他们喝星巴克咖啡。"

星巴克（Frappuccino）牛奶咖啡的品牌标识是一个貌似美人鱼的双尾海神形象，这个徽标是1971年由西雅图年轻设计师泰瑞·赫克勒从中世纪木刻的海神像中得到灵感而设计的。标识上的美人鱼像传达了原始与现代的双重含义：她的脸很朴实，却用了现代抽象形式的包装，中间是黑白的，只在外面用一圈彩色包围。20年前星巴克创建这个徽标时，只有一家咖啡店。如今，优美的"绿色美人鱼"竟然与麦当劳的"M"一道成了美国文化的象征。

瓶装星冰乐咖啡饮料包装通过漩涡图形，非常形象地传达出咖啡搅拌时的情形，颜色由下至上、深浅不同的层次渐变表现出牛奶与咖啡的组合。其整个瓶型不是圆形的，而是四方形，每个侧面又带有圆弧形，底座和顶部都是圆形的。旋转式金属质地的瓶盖设计更方便消费者开启。星巴克（Frappuccino）牛奶咖啡在销售过程中采用组合包装形式，组合包装也可称为集合包装。就是将同一品牌、不同功能的商品进行成套系列化包装，以方便消费者的购买，同时又使整体价格低于单独购买的总价格。组合包装将包装与产品销售联系起来，体现了包装设计的实用性与方便性。

星巴克（Frappuccino）牛奶咖啡包装图示：图6-36、图6-37。

图6-36　图6-37

案例八：避孕套包装

这是一款幽默、含蓄而富有情趣的安全套包装设计。色彩统一明快，富有时尚感，适合年轻一代的风格。卡片（插卡）式包装，方便拿取。在使用安全套时，从"SEX"到"MORE"再到"NO"的这个过程中，包装上的面部表情（一种LOGO的形式）在不断地"更迭"，同时直接体现了产品使用者的情绪和心情。一方面起到了对使用者的温馨提示作用，同时表达了一种含蓄而不缺失幽默的人"性"关怀。在包装色彩上，则以一种交通红绿灯的形式，对消费者的使用起到了提示和警示性作用。

在成人用品以及一些伦理和文化上有所禁忌或者避讳的产品，我们在包装设计上要力求隐晦地表达其主题，委婉地表达其设计含义，太过于直白的包装显得太过庸俗，而不适合在广告以及生活中推广。在包装设计过程中基于伦理学和心理学上的考虑是十分有必要的。

避孕套包装图示：图6-38。

图6-38 避孕套包装

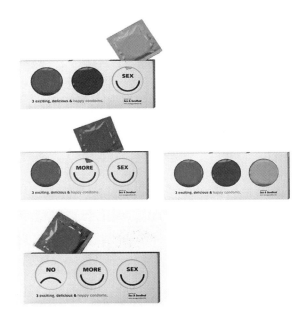

6.2
包装造型

包装造型是指各类包装的外观立体形态。包装造型设计运用美学原则，通过形态、色彩等因素的变化，将具有包装功能和外观美的包装容器造型，以视觉形式表现出来。优秀的包装造型必须能保护产品，有优良的外观，还需具有相适应的经济性等。

6.2.1 包装造型的形式

（1）几何形

世间万物的根本形态都是由几何形态所构成，它包括立方体、球体、圆柱体、锥体等。不同的形态带给人不同的感受：立方体厚实端庄，球体饱满浑圆，圆柱体柔和挺拔，锥体稳定灵巧。

案例一：Nigelle Lafusion专业头发护理产品包装

这款产品的设计初衷是为了帮助美发师在产品功能上容易识别而创作。设计师试图通过颜色使不同产品的用途和功能一眼就可以识别，而不依赖于文字说明。所用的色彩明快，具有鲜明的时尚感。在回收重新罐装的时候，不同种类的瓶子将会重复使用，并会消除不同种类之间的区分。另外，通过使用半透明的物料制作，使产品具有轻巧和空灵的感觉。用单纯几何体的组合方式来构筑造型，简洁、大方、明快，符合现代人的审美意识。这款设计在2004年赢得"日本包装设计大奖赛"银奖。

这组包装容器的造型规律，归结到一点，就是从单纯的造型模拟，逐渐形成运用几何思维进行造型设计的几何观念。几何图形是有规则的图形，如正方形、三角形等能形成明快且理性的视觉印象，这种方法主要体现了现代构成主义的艺术风格，追求严谨、精确，追求机械的美、智慧的美，体现愈是简洁的图形愈有力量的美学特征。几何造型的产品符合现代工业大批量生产或是自动化生产的原则，成为现代设计颇有特性的表现形式。

Nigelle Lafusion专业头发护理产品包装图示：图6-39。

图6-39 Nigelle lafusion专业头发护理产品包装

案例二：Ologi腕表包装

这款作品的创作者是鼎鼎大名的Turner Duckworth设计公司。设在伦敦的Turner Duckworth是一家国际上领先的品牌与包装设计公司，由设计师Bruce与设计师David Turner在1992年共同创建。他们在品牌标识和包装专案中赢得了盛誉和超过200多项国际设计大奖。*Graphis*，*Design Week* 和 *Print Magazines*、*I.D.*、*Communication Arts* 等杂志均对两位主创做过专门介绍，两人多次在国际级的设计比赛中担任评审团主席。主要客户包括Amazon.com、Palm、可口可乐以及维珍集团等。

这款腕表的包装设计充分运用了科学技术手段与现代设计方法相结合的方式，使得Ologi手表一上市就受到广大消费者的欢迎。科学测算时间，就是Turner Duckworth设计公司为Ologi品牌设计名称时的切入点。标志的设计结合太阳和月亮，包装的造型则借用了时间飞船的形式，寓意产品的特征。其包装设计注重体现腕表的品牌，凸显庄重、简洁、大气的风格。象征尊贵的金属外壳不仅可以保护手表，而且在开启后可以起到良好的展示效果。

腕表的包装造型设计与现代化工业生产技术相结合。采用模仿自然和适度变形的方法，以简练规范、便于生产加工的几何造型为主，探索形态创作美感。新颖的腕表包装造型会给企业带来很好的促销效果。现代包装设计往往将造型效果与保护功能有机地结合起来。在满足保护功能的基础上，用艺术的感性形式把包装的促销功能充分地表现出来，从而使包装造型具有赏心悦目的效果。

Ologi腕表包装图示：图6-40。

图6-40 Ologi腕表包装

案例三：MIREPA男士香水包装

这款香水包装是GK Graphics Incorporated设计公司针对爱茉莉太平洋（AMORE PACIFIC）集团的MIREPA品牌产品进行的一次再设计作品。GK Graphics Incorporated作为GK设计集团的一分子，在所有的平面设计领域都表现得十分活跃。该公司倡导"为创造每日生活而进行平面设计"的设计理念，他们将平面设计中的智慧元素打造成全球性的大众价值观，并在实际生活中充分体现这一完美理念。秉承优雅的设计理念，GK平面设计具有其独特的定位，即通过把合适的东西放在合适的位置来保证生活品质。

MIREPA香水的瓶盖为金属材料所制，并在盖顶边缘铭刻有商品名称；在瓶体的肩部采用硬朗的直线处理，体现出男性的阳刚之美；瓶身运用清澈、浪漫而略带忧郁的蓝色，蓝色的高贵品质和银色瓶盖相结合体现贵族气息。在崇尚简单生活和城市化步伐日益加快的今天，开发的内容是表达时间概念，折射出对"未来主义"追求的美好憧憬。圆与方有机结合的几何造型所诠释出的韵律和活力是其他形象无法比拟的，简洁单纯的形式也展现出明快、理性、严谨、大方的视觉印象，规则的形式更使它符合工业化生产的客观需求。总而言之，该款化妆品包装充分利用形象元素表达了时间、未来的概念，展现了韩国男性简单而又城市化的生活风格，体现出了MIREPA的品牌价值，创造了一个与品牌名"未来主义"相匹配的经典形象。该款设计使MIREPA品牌成功地焕发出新的生机并赢得了更多的客户群。

几何造型作为人类文明发展的见证者走过了千万年的历程，为我们打开了一扇从具象到抽象、从感性到理性的认知大门。几何形体所展现出来的时代感和美感使它成为现代设计中不可忽视的力量，成为香水容器造型的一个重要设计元素。几何造型特有的韵律感和简洁大方的视觉形象使香水容器的造型设计更加多样化、更加具有时代特征。

MIREPA男士香水包装：图6-41、图6-42。

图6-41 图6-42

（2）抽象形

抽象形是指非数理性的不规则形态，如水纹、云纹、石纹等。抽象形强调包装造型的对比与调和、节奏与韵律，给人以精神上的美感。抽象化主要是为了使复杂程度降低，以得到较简单的概念，好让人们能够控制其过程或以纵观的角度来了解许多特定的事态。

案例一：一生之水香水包装

这是一款由三宅一生 (Issey Miyake) 创作的香水包装设计作品。三宅一生是一位伟大的艺术大师，他对时装设计极具创造力，集质朴、现代于一体，试图用一种最简单、无需细节的独特素材把服装的美丽展现出来，这便是Issey Miyake的时尚哲学，是一种代表着未来新方向的崭新设计风格。三宅一生品牌的作品看似无形，却疏而不散。正是这种玄奥的东方文化的抒发，赋予了作品以神奇魅力。他的成就不仅令日本人骄傲，而且按法国人的说法，在他面前，不光法国的时装大师们，就连高耸入云的埃菲尔铁塔也像是少了一些霸气。

出生于日本、成名于巴黎的三宅一生一直在苦思：该创作一瓶什么样的香水来传达自己的设计理念？却始终找不到灵感。在一个雨天，他停下手边的工作望向窗外，不经意间被一颗颗停留在玻璃窗上又倏然滑落的水滴所吸引，欣喜的他猛然抬头，远处的巴黎铁塔在雾茫茫中映入眼帘。一刹那间，一切都有了答案，一生之水也因此诞生。一生之水以其独特的瓶身设计而闻名，有如雕塑般的香水瓶，三棱柱的简约造型，轻微的曲线使人拿起来更为顺手，其厚重的底部由一大块银色底圈与一个小小的弧形组成，使人联想起一滴露珠的形态，简单却充满力度，玻璃瓶配以磨砂银盖，顶端一粒银色的圆珠如珍珠般迸射出润泽的光环，高贵而永恒。这项设计一推出，就使人的眼睛一亮，当年即在香水奥斯卡的盛会上夺得女用香水最佳包装奖，还分别在纽约、巴黎等地获得各项大奖。一生之水以其清雅迷漾的甜香成功地进入香水世界，并创造了经典与传奇。

灵感来自雨后的巴黎埃菲尔铁塔，外形简洁，它纯净的线条、透明的瓶身，完全符合三宅一生所说的：我想要以最少和最单纯来表现美感，但与抽象艺术无关。由此，简单、洁净的风格，融合了泉水中的睡莲及东方花香，并注入春天森林里的清新，造就了一生之水的清净与空灵的禅意。这种独特的、最简单抽象风格的尝试使得三宅一生那独一无二的日式文化逐步走向了时尚界的中心舞台。

一生之水香水包装图示：图6-43。

案例二：U'Luvka Vodka酒包装

这是一款波兰U'Luvka Vodka酒包装，在欧洲和北美伏特加市场中定位于创建一个新的高端豪华品牌。包装容器瓶是以强调视知觉为设计理念，瓶体的造型设计打破了西方传统的直线形式的酒瓶设计模式，而采用"S"形的曲线形式，呈现出曲线般的形态，让人联想到自然界中植物的根部造型，给人一种回归自然的视觉感受。三种不同容量的酒瓶摆放在一起，又给人一种一家人其乐融融的和谐感受。木质瓶塞和透明玻璃的完美匹配，形成其独特醒目的形象特征。U'Luvka Vodka包装的图案是由设计师阿洛夫手绘而成的，然后印刷到柔软的纸张上，产生一种将木灰揉搓入画面的艺术效果。再结合丝网印刷及UV过油技术，图案随着光的角度的变化，产生丰富的视觉感受。标贴摒弃传统纸贴形式，上面的标志据说是古代炼金术字形载有符号的男、女、太阳和月亮，其历史可以追溯到1606年波兰皇家法院。这些历史价值的支撑使U'Luvka体现出波兰古代文明与现代科技的有机融合。外包装盒的设计，整体以黑色为背景色，并以银白色的卷草花纹修饰主展示面的上下两部分，品牌名称与标志则置放于两者之中。字体设计巧妙地改良于波兰最早的一种文字，充满了异域风情。整套包装设计灵巧而富有美感，既是功能和形式的高度统一，也是技术和艺术的完美合一。U'Luvka以其醇和的口感、独特的设计和包装，使之立即成为一款高品位的伏特加。

U'Luvka Vodka酒包装图示：图6-44、图6-45、图6-46。

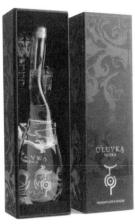

图6-43 一生之水香水包装

图6-44　图6-45　图6-46

（3）仿生形

仿生形，即模仿自然界中植物、动物、人物等的形态。水滴形、葫芦形、月牙形、各种动物形和优美的女人身躯形态等都是常用的包装造型，如可口可乐的玻璃瓶就是仿照少女裙子优美的造型来设计的，由此可见模拟自然中的事物是一个惯用思路。

案例一：可口可乐包装

经典的可口可乐瓶外形设计，是在1915年由一个美国印第安纳州玻璃工厂的瑞典工程师亚历克斯·萨缪尔森，根据《大英百科全书》中的一页有关可可豆的曲线形状的图示设计发展而来的。亚历克斯·萨缪尔森因为这一经典的设计得以在设计史上流芳百世。1920年，可口可乐瓶的最后设计方案是由德国玻璃制成的，以适应现有的制瓶机器而使其变得更加苗条。最后，这一设计获得了专利并投入生产。有百年历史的可口可乐之所以能深入人心，除了特有的口感，充满动感、流畅的Cocacala专用字体外，更让人记忆犹新的是它那曲线般的瓶形。流动的曲线带给人们无限的遐想，如清爽划过的波浪，又如美妙的人体曲线，配合着红色的可口可乐专用品牌形象色，给人以激情洋溢的美好感受。

可口可乐包装图示：图6-47、图6-48。

图6-47　图6-48

案例二：酒鬼酒包装

该款包装是由颇具传奇色彩的黄永玉大师所创作的作品，他不仅在版画、国画、油画、漫画、雕塑方面均有高深造诣，而且还是位才情不俗的诗人和作家，其人博学多识，诗书画俱佳，被誉为一代"鬼才"。

中国人历来讲究"美食不如美器"，酒器是酒与传统文化融合发展的典型物质实证，是酒文化的典型代表。而这款酒鬼酒，给人印象最深刻的是那极其强烈的富有独特个性的砂陶麻袋酒瓶和"酒鬼酒"这一幽默而神秘的名字，可以说堪称"酒中一绝"，被业界称为"中国文化酒的引领者"，曾有中国第一文化白酒的雅名。

艺术大师黄永玉为酒鬼酒设计的酒瓶可谓是古朴之极，形状若湘西农民盛装谷物并捆扎好的鼓囊囊的麻袋，紧束瓶颈的不是一般的绸绫，而正是扎麻袋用的麻绳。这酒瓶包装创意是：酒是粮食酿造的，而麻袋是用来装粮食的，把酒瓶设计成麻袋用来装由粮食酿成的美酒，真是奇思妙想，既水到渠成，又别出心裁。酒瓶材料是以湘西黄泥土高温烧制而成的紫砂陶，绝不同于那些透明的玻璃瓶。粗看很土、很俗，像出土的文物，而恰恰是这种大土大俗反而达到了土中见雅、俗中出奇、大雅大致的意境效果。加之书法题写的"酒鬼"二字，书画一幅酒鬼背着麻袋找酒的写意水墨画，与瓶标上红底黑字狂草体的"酒鬼"二字里外呼应，动静结合。麻袋里装的不仅是酒，还有湘西人民浓浓的乡情、绵绵的乡思，湘西山水的精神气韵。

这款"酒鬼"包装，虽然是大师写意式的一挥而就，却立意孤绝，妙手天成，大俗大雅，是中国传统设计方式的延续与升华，是在民族文化积淀之上的厚积薄发。酒鬼酒在1988年获中国首届食品博览会金奖；1989年获北京首届国际博览会银奖；1993年获第七届法国波尔多世界酒类专业博览会最高荣誉金奖；1994年获比利时布鲁塞尔国际博览会金奖和北京亚太国际贸易博览会金奖；1995年被世界名牌消费品认定委员会认证为"世界名牌消费品"。

酒鬼酒包装图示：图6-49、图6-50、图6-51、图6-52、图6-53、图6-54。

图6-49　图6-50　图6-51

图6-52　图6-53　图6-54

案例三：神鼓酒包装

神鼓酒产于湖南湘西土家族自治州的吉首酿酒总厂。土家族、苗族是湖南人数最多的少数民族。每年4月8日美丽的姑娘都会穿着盛装聚在一起，健壮的小伙擂起传统的神鼓（又名猴儿鼓），以此来纪念除恶驱邪而壮烈献身的古代英雄——亚宜。

这件作品是我国80年代具有代表性的销售包装设计，是由乔加强、周晓林、滕建海三位设计师于1988年共同创作的作品。设计师设计神鼓酒时，紧扣湘西地方特色文化，将湘西地区每逢举行盛大节日时使用的"神鼓"作为这款酒包装容器设计的灵感来源，通过整体仿生设计手法的运用，结合当地的风俗习惯，烘托出民间热闹和吉祥的喜庆气氛。标签采用与神鼓鼓面相切合的圆形，并将说明性文字采用环形的版式构图设计，十分巧妙地传达出商品信息内容。在包装主色调上运用的红黄两色为中国民间喜用的颜色，与神鼓酒要传达的寓意也相吻合。木质底座作为展示包装的形式，将神鼓高高举起，用沿袭着古代酒包装的红头盖作为封口，更加渲染了一种节日喜庆的气氛。

神鼓酒瓶受到当地"笼箱"的启发，具有浓郁的湘西地方特色。湘西的笼箱与北方木箱大不相同，笼箱四四方方，东西装得多，两个并排在一起。晚上睡觉可做床，白天可当凳，搬家时可挑起走，八个角镶有铜角保护……这种在当地极为普通常见的笼箱造型，加上擂鼓的舞姿，配上湘西人民喜爱的红、金、黑色，造就了神鼓酒独特的包装形制。神鼓酒容器的造型采用具象形态的模拟法，对"笼箱"的形体进行了真实的再现，在细部进行了艺术处理，使其更合乎包装功能的需要。该包装对于"神鼓"和"笼箱"造型的模仿，一方面弘扬了当地民间文化习俗；另一方面让大众消费者对于这个品牌更具有亲和力，使得这个品牌更容易被大众接受。

自然界中各种奇异的形态有助于丰富造型设计的形式语言，促使设计师不断从变化万千的自然中汲取灵感。具象形态是依照客观物象的本来面貌构造的写实，其形态与实际形态相近，在满足包装造型基本功能效用的前提下，追求模仿对象的典型性的本质真实，追求造型的自然性、生动性与趣味性。但对模仿的对象同样需要进行提炼、组织、概括，使容器造型既具有自然形态的视觉感受，又具有实用价值和艺术性。这种造型设计方法，在现代造型设计中越来越受到重视。

神鼓酒包装图：图6-55、图6-56。

图6-55　图6-56

（4）卡通形

卡通形，即模仿卡通形态。卡通造型的包装具有夸张、可爱和幽默的特点，使商品更富有感染力。圣诞老人、米老鼠、唐老鸭、机器猫、蜡笔小新等卡通形象常用于包装造型上。卡通，是英语"cartoon"的汉语音译。对于这个词的词源，有两种不同说法：其一是说它来自法语中的"carton"；其二是说它源自意大利语中的"cartone"。卡通本身具有多种含义，主要以漫画、动画为主。狭义的是指美国和欧洲等地的漫画和带有儿童倾向的幽默动画作品的动画。广义的指各国各地中有着各自的风格，且随着时代的发展会不断变化的卡通漫画、动画。一般会通过归纳、夸张、变形的手法来塑造各种形象。

案例一：宝洁Kandoo儿童个人护理用品系列包装

始创于1837年的宝洁公司，是世界上最大的日用消费品公司。每天，宝洁公司的品牌同全球的广大消费者发生着三十亿次的亲密接触。其所经营的300多个品牌及产品畅销160多个国家和地区，其中包括美容美发、居家护理、家庭健康用品、健康护理、食品及饮料等。该企业品牌在世界品牌实验室（World Brand Lab）编制的2006年度《世界品牌500强》排行榜中名列第三十七位，在《巴伦周刊》公布的2006年度全球100家大公司受尊重度排行榜中名列第三位。

这款宝洁Kandoo儿童个人护理用品系列包装产品，用生动、可爱的造型教会孩子们如何掌握健康的生活习惯。这个系列的产品包括洗手液、沐浴露和洗发香波，设计师通过不同的青蛙仿生造型进行区分，并在青蛙头部增加了许多有趣的细节设计，这种实用的解决方案便于孩子们用手去挤压。如含有少量新鲜苏打水和浓厚水果香精的泡沫洗手液装在顶部配有抽吸装置的容器内，这种装置易于使用，稍加按压，就能立即喷射出洗手液，儿童洗手时使用这种洗手液，既简单容易又有乐趣。

仿生造型的包装容器，常用在儿童产品的包装中。生动、可爱、诙谐有趣的卡通造型，能很快吸引孩子们甚至家长的视线，并引起好感。系列化的青蛙造型让人有把全部产品带回家的购买欲望。在结构上，设计师也把清洁用品的挤压喷口巧妙设计成青蛙的嘴部，使产品如同从青蛙的口中吐出一般，配合挤压时的声响，更加能让人觉得可爱有趣，从而刺激了产品的销售。

宝洁Kandoo儿童个人护理用品系列包装图示：图6-57。

图6-57 宝洁kandoo儿童个人护理用品系列包装

案例二：Superdrug洗浴用品包装

这是设计师布鲁斯·杜克沃特（Bruce Duckworth）创作的一款洗浴用品包装。设在伦敦的特纳·达克沃斯公司的主管Bruce Duckworth在享誉全球的国际设计竞赛"D&AD AWARD"英国艺术指导俱乐部年奖中，担任设计与包装设计类的评审团主席（其奖项分为金铅笔奖、银铅笔奖、银奖提名奖及优异奖）。Bruce与设计师David Turner在1992年共同创建了特纳·达克沃斯公司。他们在伦敦和旧金山设有工作室，并在品牌标识和包装专案中赢得了盛誉和超过200项国际设计奖。作为品牌标识设计的领导者，他们服务的客户有Amazon.com、可口可乐、Levi's牛仔裤、苏格兰卡瑞芝酒、英国维珍航空公司等。

Superdrug洗浴用品包装是一套典型的趣味性设计作品。设计师利用橡皮鸭的面部表情来增添产品的个性，通过简洁的图形语义，设计了一款既满足基本的保护功能，又趣味迥然的包装设计作品。通过包装的色彩与图形创意，营造一种"滑稽、可爱、有趣"的视觉情境来吸引消费者，打破了一般毛巾与香皂采用传统盒装的包装设计形式。这种情趣化的设计作品不仅在使用过程中能缓解生活中的压力，愉悦消费者的心理，而且在商场中具有很强的展示性和互动性。在标签的设计上仅有小鸭子的眼睛和嘴巴，这为每个产品上的整体设计又营造了很大的空间，同样的标签和不同的产品营造出不一样的视觉感觉。

图6-58 Superdrug洗浴用品包装

本款产品在趣味性包装设计的造型及装潢上多采用比喻、夸张、拟人等别出心裁的构思手段，将更多幽默、诙谐以及乐观的要素添加到包装设计当中，来增添包装的趣味性和幽默感，吸引顾客的眼球。这种情趣化的设计理念经常被成功地应用于儿童包装设计中。

Superdrug洗浴用品包装图示：图6-58。

（5）象征形

象征形是蕴含特定理念的形态。包装通过象征形，将抽象的概念具体化、复杂的理念浅显化，创造一种艺术意境，以引起人们的联想，并延伸产品的内涵。如在包装造型中，常采用喜鹊象征吉祥、鸽子象征和平、鸳鸯象征爱情等等。

案例一：EQUILIR精油包装

EQUILIR精油包装的设计理念来源于传统哲学中的"五行"思想——金、木、水、火、土，共分为五个造型。其中圆锥形结构的墨绿色瓶型，乃优美与动态的完美结合。外包装的三步开启装置，不仅传达出这款精油的品质与珍贵，而且能够唤起消费者的好奇心，只想一探究竟，充满了神秘感。错落有致的造型展示效果，体现了一种静谧，一种空灵，让人有身处其中却又不可触及之感。注重细部的塑造以及极少主义的艺术风格，都已经渗透到这款日本精油系列产品的包装设计中。曾荣获2003年日经BP设计奖。

20世纪50年代起，日本设计师对欧美现代主义设计进行了全面的审视和了解，同时日本又是一个非常善于模仿并在此基础上进一步创新的民族，他们将日本传统的、理性的设计美学方法，如一些简单象征性图案中加入构成主义的元素，从而使日本现代设计既有国际认同的基本视觉元素，同时又有日本的民族象征性，象征着现代化和民族化相融合的特点。设计师在设计作品时经常把包装结构的功能性、合理性与日本的传统建筑的构件外形进行联系，将简洁明快的黑、白等色与传统建筑的日常用色结合，甚至把现代设计的简约、直线风格和传统建筑的高度单纯与简练的语言结合，具有非常强烈的视觉冲击力。

构成主义又名结构主义，发展于19世纪20年代。"构成主义"一词最初出现在加波和佩夫斯纳1920年所发表的《现实主义宣言中》，而实际上构成主义早在1913年就随着塔特林的"绘画浮雕"——抽象几何结构而在俄国诞生了。构成主义吸收了绝对主义的几何抽象理念与立体主义的分解与重构，主张使用长方形、圆形、直线等构成半抽象或抽象形的画面或雕塑，注重形态与空间之间的影响。

EQUILIR精油包装图示：图6-59、图6-60、图6-61、图6-62。

图6-59　图6-60

图6-61　图6-62

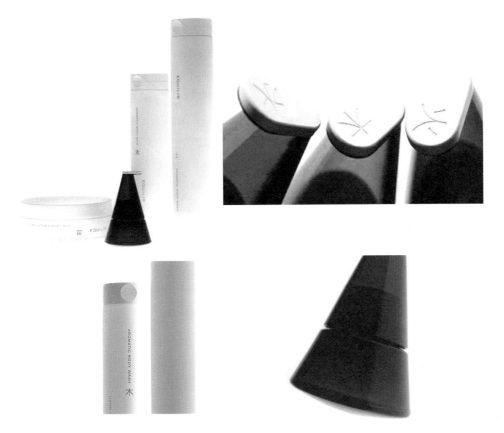

案例二：Yaoki清酒包装

这款包装是由九州电通公司（Dentsu Kyushu Inc）为Yaoki设计的酒瓶包装。Yaoki是日本一种用土豆做成的清酒，瓶型的制作也是源自日本闻名的有田系（Arita）瓷器。Yaoki酒瓶被设计成优雅的白色，圆形的底部使它可以自动恢复到原始站立位置。这个设计理念来自于一句古谚语："如果你第七次倒下，那么第八次再站起来。"借用不倒翁的原型，赋予该酒一种"永不放弃"的理念，就像这个始终站立的酒瓶一样。独特的造型设计不仅美观，而且还富有深奥的文化底蕴，将"永不放弃"这一精神理念融入该包装设计作品之中，从而大大增加了该作品的档次和附加值。包装上的文字采用了中国汉字的字形，笔画粗细变化得当，优美易认，大方得体，赏心悦目，充满了现代主义气息。该作品荣获2008年度Pentawards奢侈品类白金奖。

该酒瓶的设计巧妙地将容器造型与品牌理念、内涵相结合，使产品更耐人寻味，不仅塑造了品牌形象，也满足了消费者的审美需求，借助瓶身的象征意义提升了消费者个体的价值观、人生观。这种以形传意、借物抒情的设计方式，体现了设计师丰富的文化内涵以及对品牌的深刻解读，是现代包装设计文化性的体现。

Yaoki清酒包装：图6-63、图6-64。

图6-63、图6-64 Yaoki清酒包装

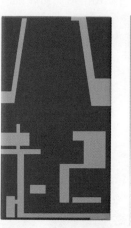

案例三："依云之源"珍藏纪念瓶矿泉水包装

Evian(依云)是法国一个著名的矿泉水品牌，品牌名称来源于拉丁语"evua"，意为"纯净之水"，其水源来自阿尔卑斯山脉，天然的冰川岩层赋予依云水独特的滋味和均衡的矿物成分，以天然和纯净享誉世界。当"依云"推出第一个优美水滴曲线的瓶身造型时，其精致无瑕的设计以及对每一个细节的精雕细凿和独具匠心的主题受到无数收藏人士与依云追随者的青睐。

这是一款由Kenneth Cole设计的法国"依云之源"珍藏纪念瓶矿泉水包装。设计师以阿尔卑斯雪山为设计原型，突破常规柱形瓶的思维局限，在创作过程中经过多角度扫描、3D投影和可行性研究，经过一年的努力创作，终于将繁复的设计构思变成了现实作品。如果说历年的依云水滴瓶是产品本质元素——"水"的直白，那么全新"依云之源"的雪山造型正是依云独特的品牌象征，突出了该产品的地域特色与品牌背景。

"依云之源"珍藏纪念瓶以3D立体造型来诠释和表现鲜明的设计理念：选用纯净的玻璃材质，利用其极为透彻澄明的色泽和质感，来突出表现依云矿泉水天然、纯净和平衡的产品特质，简约澄明的玻璃瓶身，令每一滴矿泉水都流露出冰川的纯净透彻；瓶体的不规则雪山造型，如同冰块般的雕塑，令人不禁联想到屹立了八千

多年、孕育着依云矿泉水的阿尔卑斯的雪域之巅。在光线的照耀下瓶体幻化出绚丽的色彩；瓶体上除品牌名称外无更多装饰图案，竖排的文字引导消费者的阅读视线由下往上移动，从而使瓶体更显沉稳高耸；瓶盖由带有醒目的红色色调装饰，与红色的品牌文字相呼应，由此来点缀整个玻璃外形和体现出品牌本身的精神。

"依云之源"赋予了依云崭新的面貌和新的生命，传达更多的品牌精神，是依云纪念瓶又一个传神之作,也是依云献给全球喜爱者的新年礼物，体现了设计师对自然、健康和时尚生活方式的欣赏和赞美，其独特巧思和精湛工艺，呈现给人们一道赏心悦目的视觉盛宴。

"依云之源"珍藏纪念瓶矿泉水包装图示：图6-65。

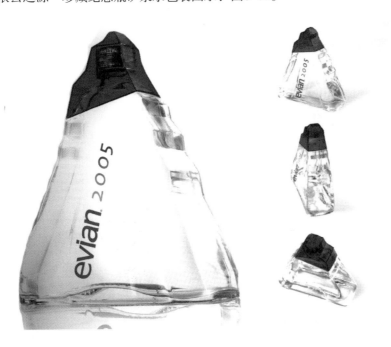

图6-65 "依云之源"珍藏纪念瓶矿泉水包装

6.2.2 包装造型的艺术特征

（1）包装造型的体量感

包装造型的体量感是人们对包装体量的一种判断和心理感受，这种感受通常不一定和真实产品的体量保持一致。换言之，不同体积、高度、样式的包装造型给消费者截然不同的心理感受。因而，现代包装造型不仅要考虑包装的实际容积，而且要顾及视觉的体量感。如化妆品的包装容器多采用弧面造型的设计，就是为了增强容器的体量感。

案例一：德沃尔（Dewars）威士忌包装

设计师格伦·塔特赛尔创作的德沃尔（Dewars）威士忌包装设计最突出的创意在于其容器上可移动的胸针和盖子与瓶口处结合在一起，用苏格兰风格的胸针推动瓶盖。孔洞由椭圆的磨砂玻璃取得类似的效果。最难处理的是合金铸造的问题，有人曾提议用塑料代替合金，这样既轻巧，触觉又温暖。但是，最后还是采用了真正有质感的金属。

该设计作品中凯尔特人将设计风格和现代形式相结合。其一为"无限"，一千年前左右的凯尔特人的艺术本身是无时间限制的，直到今天大家仍禀承这一理念；其二为"品质"，优雅而特意加长的瓶体，以及精致的装饰给人一种高品位、高质量的感觉；其三为"活跃"，瓶子中间的椭圆形使设计生动活泼，当倒酒时，威士忌沿着瓶体柔和的曲线慢慢倾倒，形成美丽的漩涡。其中玻璃与合金钢的精密结合，是设计的另一个与众不同的地方，玻璃与合金钢之间的尺寸将不断被调整。

德沃尔威士忌的优良品质与名门风范都借由其独一无二的瓶子造型传达出来。雕塑般的形状和独特外观，使这款酒更具收藏价值，拥有者可以自豪地将它放在酒柜里展示。一个高档的包装设计作品，不仅要在材质的选取上体现高档、典雅、尊贵等特征，更重要的是在造型设计上独具创新。这是一款典型的动态设计案例。德沃尔威士忌包装设计作品具有以下几个特征：动感——意味着发展、前进、均衡等品质，其中胸针的设计，形成了一种"动态的构成"；体量感——指的是体量通常带给人的心理感觉。设计时关键要处理好同等体量的形态以何种方法表达不同的心理暗示，采用局部减缺、增添、翻转、压屈都能体现较好的效果，比如其金属质感的运用；深度感——诸如瓶子中间的椭圆形的运用，其瓶体柔和的曲线慢慢倾倒，形成美丽的漩涡具有很强的深度感，能引人入胜。

德沃尔威士忌包装图示：图6-66、图6-67。

图6-66　图6-67

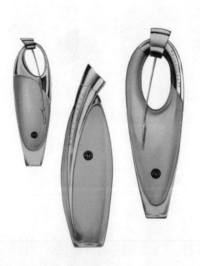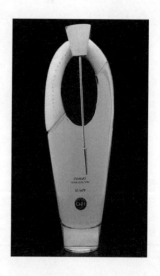

案例二：橄榄油包装

此款设计作品是一款意大利的橄榄油包装，其产品拥有独一无二的优良品质，享有"黄金液体"的美誉。这个品牌的目标瞄准的是国际市场，力求在传达产品珍贵性的同时，希望从已经趋于饱和状态下的市场里能够标新立异，争取到属于自己的一席之地。

The Partners设计公司首先从产品的自然属性上得到启示，设计了一条立体的液态黄金油滴的形态，从瓶嘴流出，一直畅流至标贴处，既凸显出产品优良的品质，又打破了瓶体的平庸感。简洁的瓶型设计为了突出液滴的概念，字体与液滴同方向排列，带来阅读的方便性，文字精致而简明，所有的信息都使用意大利语，不但表明了其地域特征，还强调了产品的真实性和可靠性，使人有立即想品尝其美味的冲动。绿色的瓶体，给人以天然的安全感，更彰显了品质。这款包装荣获2006年英国D&AD包装类银奖，2006年纽约广告节包装类决赛参赛作品。

橄榄油包装图示：图6-68、图6-69。

（2）包装造型的动感

图6-68　图6-69

当包装的造型如三角形、正方形转化成圆形、弧形时，就会产生一种动感。这种包装造型能博得崇尚个性、追求时尚、紧跟潮流的年轻消费群体的青睐。动感造型在许多包装中均有应用，如"尖叫"纤维饮料瓶采用扭瓶造型，使瓶身和抓握时前伸的大拇指完美贴合，加之渐变的蓝色标签纸，给人一种十足的现代感和动感。P Frapin香水瓶也采用了轻快、活泼的动感造型。

案例一：运动饮料包装

这是意大利的一款为户外运动所提供的饮料概念包装设计。户外运动是现代社会非常流行的一种运动形式，这种运动也衍生出很多为之服务的附属产品，这款概念包装设计即是设计师为迎合该运动所设计的一种附属产品。

饮料包装容器瓶采用一种套索式的造型，使之与人的手臂连为一体，形成一个加长版的手套造型，瓶体顶端有一个指环孔，用来套住大拇指，以便更好地固定在手上，瓶形同人的手部曲线一致，具有流线型和动感。这款饮料包装的设计主要为人在运动时，可以将这款饮料戴在手上，在需要饮用时，通过对瓶口的吮吸就喝到饮料了，相比直接拿在手上或背在包内等方式，更适合人在运动时的需求。

这款运动型饮料的包装设计的亮点，主要就在于它的瓶身式样和携带方式的创新性，设计师考虑到了目标消费者的"移动性"，解决了在生活中或运动时喝饮料的不便，并符合人们的行为习惯。瓶子的形式与携带时的创新，其出众的视觉识别力所形成的感官高度评判，能够帮助它从众多产品中脱颖而出，使消费者留意、停顿、观察、赞赏并最终产生购买行为。

图6-70 运动饮料包装

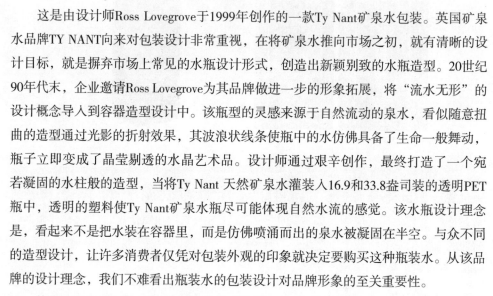

案例二:Ty Nant天然矿泉水包装

这是由设计师Ross Lovegrove于1999年创作的一款Ty Nant矿泉水包装。英国矿泉水品牌TY NANT向来对包装设计非常重视,在将矿泉水推向市场之初,就有清晰的设计目标,就是摒弃市场上常见的水瓶设计形式,创造出新颖别致的水瓶造型。20世纪90年代末,企业邀请Ross Lovegrove为其品牌做进一步的形象拓展,将"流水无形"的设计概念导入到容器造型设计中。该瓶型的灵感来源于自然流动的泉水,看似随意扭曲的造型通过光影的折射效果,其波浪状线条使瓶中的水仿佛具备了生命一般舞动,瓶子立即变成了晶莹剔透的水晶艺术品。设计师通过艰辛创作,最终打造了一个宛若凝固的水柱般的造型,当将Ty Nant 天然矿泉水灌装入16.9和33.8盎司装的透明PET瓶中,透明的塑料使Ty Nant矿泉水瓶尽可能体现自然水流的感觉。该水瓶设计理念是,看起来不是把水装在容器里,而是仿佛喷涌而出的泉水被凝固在半空。与众不同的造型设计,让许多消费者仅凭对包装外观的印象就决定要购买这种瓶装水。从该品牌的设计理念,我们不难看出瓶装水的包装设计对品牌形象的至关重要性。

图6-71 Ty Nant天然矿泉水包装

传统的矿泉水包装容器外观简单且无装饰,造型太过于普遍化。当各种水瓶被摆放在货架上出售时,人们从远处能分辨出它的轮廓,然后才是其表面的装饰元素。虽然水瓶包装的外形设计首先是出于实用功能方面的考虑,但是外形设计也必须新颖独特、与众不同,从而方便消费者的识别,并留下深刻印象,达到促销的目的。

Ty Nant天然矿泉水包装图示:图6-71。

(3)包装造型的生命力

包装造型的生命感是通过模仿具有生命活力事物的自然形态,如植物的发芽、动物的追逐、运动员的奔跑等展现出来的。这类包装造型以其旺盛的生命力,给人以强烈的美感,从而增强了产品的直观效果。如"Christian Lacriox"香水瓶以新芽做瓶盖,苹果形做瓶身,淡淡的果绿色作为主色调,使得整个包装造型就像春天刚刚探出的新芽,充满了生命与活力。

案例一:Lily花茶包装

这是设计师Ashley Spangler运用仿生学的原理而设计的一款花茶包装,其造型与包装的内装物相呼应,通过简明的造型特征向消费者清楚且直观地表达了产品的属性。在用色方面，设计师大胆采用了红色、绿色和白色三种颜色。不仅体现了花茶自身的自然色彩，同时又给人一种清新自然的视觉感觉；在文字设计上，单纯的底色上配以简洁、时尚的品牌文字以及品牌标志，使整个包装在繁复、优美的造型上更显大气与时尚。设计师在结构上也是独具匠心地将各个似花瓣的折页依次咬合，形成一朵朵含苞欲放的花朵，结构简洁巧妙，易合易开，不但有效地保护了内装物，还便于宣传、陈列、展销，具有一定的观赏价值。设计师把物体蕴涵的某些特性通过仿生的手法加以再现，让消费者感受到了作品绽放的生命力。

图6-72 Lily花茶包装

Lily花茶包装图示：图6-72。

案例二：一生之火香水包装

三宅一生设计公司于1998年推出了一款具有东方本土香味的香水。三宅一生说：有些人认为设计仅仅是一种美丽与功能的表现，但我希望能加入感觉与情绪。他以乐观主义观点取代世纪末的悲观论调，认为下一个千禧年是一个充满活力的年代，因此选择"火"作为他创作的新元素，呈现无尽的生命力。为了展现强烈的自我风格，香水瓶身为360度的圆形，宛如一个正在形成的宇宙生命球体，该立体的红色火球就是他理念的表现。瓶身设计也与一生之火如出一辙，采用PCTA Waterclear高科技强化塑料材质的圆形球体和可隐藏的按压式喷头；这款圆球瓶身澄澈透明，红色格纹式的圆锥体又藏于透明球体中，由内向外透出红光，象征透明冰球中藏着焰火的红，充满了对生活的热情。

在现代香水包装设计中，材料质感设计越来越受到设计师的关注。该作品中运用了一种新的设计材料PCTA，这个材料的质感较之玻璃色泽更加温和、透明、真实，通过切、琢、磨、刻、压等技法以及先进的表面处理工艺，创造出丰富的质感，其材质模仿天然材料的真实质感，从而达到了一种前所未有的全新质感。质感的形成除了受到材质自身的特性和加工工艺的影响之外，还要配合光、色、造型等视觉要素，才能获得最佳的视觉与触觉感受。

图6-73 一生之火香水包装

一生之火香水包装图示：图6-73。

（4）包装造型的简约美

简约主义，也称极少主义、极简主义，是20世纪后期兴起的一种艺术流派与艺术风格。简约主义设计在一定程度上是对现代主义设计理念与设计风格的部分继承和发展，强调"少即是多"的设计思想。它主张采用清晰简洁的抽象形式、洗练的造型、精炼的文字来准确无误地传达信息，以追求简单中见丰富，纯粹中现经典。在经济全球化的背景下，受西方设计思潮的影响，现代包装设计风格逐渐呈现出国际化的特征。其中，简约主义风格的包装成为现代包装设计的主流。

案例一：Iichiko烧酒包装

这款作品是由设计师河北秀也、谷井郁美于1998年共同创作而成。Iichiko烧酒的中文名称叫亦竹烧酒。椭瓶亦竹，清雅的醇香，浓郁的美味，是烧酒中的顶级精品。雅致的银灰色产品名称运用简洁端庄的字体，直接刻印在瓶身上，与透亮的瓶子和谐地融为

图6-74 iichiko烧酒包装

一体。酒瓶上的文字编排沿袭朴素高雅的风格，使消费者留下了新鲜、自然的心理感受。为了不影响整个瓶子清澈透亮的效果，产品的属性、特点等说明性文字放在了细长的瓶颈位置，印在封口的薄膜上。"Iichiko"细长的瓶颈、优美的腹部曲线构成了圆润丰满的瓶型，犹如水滴一般，整体造型极其简约。值得一提的是Iichiko烧酒的酒瓶采用耐热玻璃制作，饮用时可直接加热，饮用完，空瓶又可以二次利用作花瓶，体现了材料使用后呈现的二次功能价值。整体设计简洁通透、优美圆润、清爽宜人。

　　Iichiko烧酒造型优雅别致，没有过多的装饰，这恰恰造就了日本独特的无装饰包装设计风格。无装饰包装设计纯粹以文字符号作为装饰元素，利用文字本身的造型、体态、笔画等特点，通过对文字进行有效的编排展开设计，创造出简洁、雅致、传达准确的一种包装设计风格。独特的设计理念也使消费者获得一种前所未有的愉悦感。正如日本著名设计师高桥正实所说："当我在进行包装设计时，如果我设计的包装仅仅是一个装产品的盒子，而没有超越包装本身的功能性的话，我觉得我的作品就是废物。一个高质量的包装应该既能展现其功能性，又能对所有使用产品的人产生积极的影响。"

　　Iichiko烧酒包装图示：图6-74。

案例二：梵克雅宝 (Van Cleef & Arpels)香水包装

　　梵克雅宝是一个具有百年历史的老品牌，自诞生以来，便一直是世界各国上层社会所特别钟爱的顶级珠宝品牌。该品牌来源于一段美好的姻缘，两位品牌创始人阿尔弗莱德·梵克与艾斯特尔·雅宝的结合，为梵克雅宝增添了传奇般的爱情色彩，并演绎出无数新人梦寐以求的浪漫爱情故事。

图6-75　图6-76

　　这是一款由设计师Estelle Arpels和Alfred Van Cleef创作的充满了简约主义理念的设计作品。设计师塑造了这款既典雅又赋有现代形式感的香水包装造型，使它散发出高贵、优雅、充满诱惑力的女性魅力，从而营造出一种浪漫的气氛。梵克雅宝香水的包装设计，瓶口的设计宛如一朵即将绽放的花蕾，既点明了产品属性和特征，又方便消费者开启。金属材质从瓶口一直横穿整个瓶身，并在上面铭刻产品名称。瓶身没有任何装饰性的图形和文字，通过晶莹剔透的瓶身表现出香水本身的颜色，使得简约之风尽情体现。瓶身的直线与瓶口的曲线组合，体现出简洁、明快的设计风格，在琳琅满目的香水包装中，该包装独特的形态给消费者留下深刻的印象。

　　梵克雅宝香水包装图示：图6-75、图6-76。

案例三：Parfum Curiosity 香水包装

　　该款造型新颖的香水包装是由Curiosity工作室设计的作品，是极少主义设计风格的经典之作。首先给人们留下深刻印象的是，这个容器具有刚性的造型，导致了一种必然的张力，材质的美感给消费者留下了较强的视觉冲击力，极少的装饰，夸张的造型，合理的结构是该容器的主要

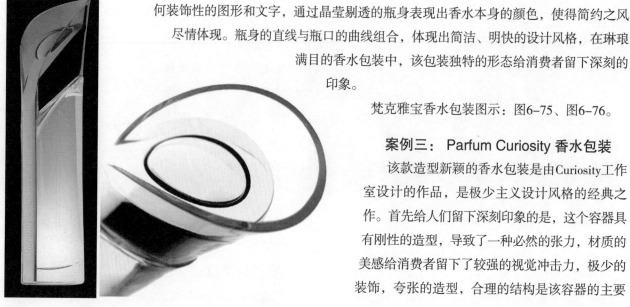

特征。除此之外，该容器还最大限度地保留了材质的自然属性。

　　该作品堪称极少主义风格的包装设计，作品根据产品的特点、市场定位，运用简练的形、线等设计语言表达了产品的特性和包装的造型。在设计的过程中，设计师尽量减少形、线的繁琐变化，力求简洁自然，强调技术与艺术、功能与形式结合的原则，满足了功能的基本需求和达到了功能对造型的限定，突出了"合适设计"这种功能主义的思想，设计出了简约、美观、实用、环保的包装设计。

　　总的来说，极少主义思想与包装设计的结合使得现代包装设计风格趋于简洁、明快，同时又最大限度地利用各种包装材料，减少包装对环境的影响，从视觉上和材料上都体现了"少即是多"的原则。

　　Parfum Curiosity 香水包装：图6-77、图6-78、图6-79。

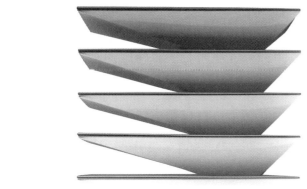

图6-77

图6-78　图6-79

6.3
包装结构

　　包装结构是指包装的不同部位之间的构成关系。包装结构设计是从包装的保护性、方便性、审美性等基本功能和生产实际条件出发，考虑包装的外部和内部结构而进行的设计。在包装结构设计过程中，不仅要注重包装各部分之间的关系，如包装瓶体与封闭物的啮合关系，纸盒各部分的配合关系等，还必须考虑包装加工工艺和制造水平等因素。

案例一：Five Minute Candles包装

这是一款由设计师Zinoo Park设计的"速燃小蜡烛"包装，由于它不同寻常的设计理念——用5分钟制造浪漫，深深地吸引了消费者的眼球。钱夹式的包装结构、烛台剪影式的Logo及粉红色、黄色、绿色、蓝色等霓虹灯系列色彩设计给这款包装增加了更多乐趣。

在包装的装潢设计上，色彩使用明度、纯度较高的红黄绿等跳跃性色彩，寓意蜡烛给人带来阳光般温暖，表面上的白底与内部的色调形成对比，给人以强烈的视觉冲击感。草绿色包装给人以清新舒适感，玫瑰红则浪漫而不失热情，柠檬黄带给人的是一份清爽风情，浅浅的蓝绿给人的是一片宁静，如置身于海洋之中。这一系列色彩的运用，把蜡烛所具有的光明、温馨和浪漫尽情展现，这也是Five Minute Candles的设计者设计的诉求点之一。在图形设计上以蜡烛放在烛台的叉形剪影为主体形象，背面则是用品牌名作为主体形象设计，让人一眼就可看明白所售产品内容及产品名称，简洁明了，易于记忆。排版上采用居中形式，醒目且简洁。结构上使用一纸成型，只需一张长形纸板，且无需粘胶，在接口处穿洞，成型简单，节约成本并可重复使用。展开的盒子还可作为烛台使用，环保而有新意。

Five Minute Candles包装利用了一切可以引起消费者共鸣的元素，通过情趣化意境的营造、巧妙的艺术手法运用，并参考特定的文化因素，从而达到了较理想的趣味化包装设计效果。聪明的制造商总会通过在商品包装里掺进一些"趣味"性元素，在解决功能需求的前提下，同时使消费者得到精神和情感的抚慰，从而增加了商品的附加值。

知识点链接

一纸成型：是指纸盒仅用一张没有分割的纸张，通过折痕组装来完成。由于纸张具有良好的易折性，通过简单的制作就能创造出许多造型各异的精美纸盒。

Five Minute Candles包装图示：图6-80、图6-81、图6-82、图6-83。

图6-80　图6-81

图6-82　图6-83

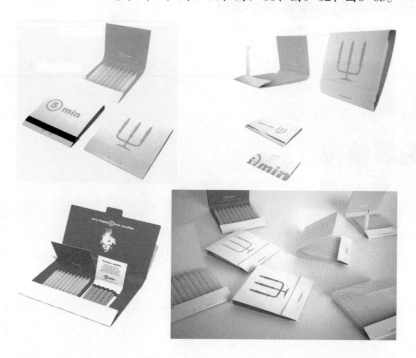

案例二：蒙宝欧650手机包装

这是一款由设计师于光创作的以巧妙的结构设计而引人入胜的包装作品。蒙宝欧650手机是一款超薄概念手机，手机外观配色以黑色为主，因此创作者在设计产品包装盒时大胆延续了手机外观配色的黑色，并在结构上采取了相应的措施，使之和主题相契合。

设计师从超薄主题概念出发，包装盒正面以一条金属光泽银色条展开，给人以超薄的视觉感知，黑色的底与银色的线条形成强烈对比，没有过多的装饰元素，总体感觉简约大方，非常时尚。包装盒在结构上分为上下两层。上层放置手机和充电器，下层放置用户手册和电池等配件，最大限度地利用了包装盒的空间，并增强了实用性功能。为了突出该款手机的超薄概念，作者专门设计了一个薄薄的抽屉来放置手机主体，同时为了拿取手机方便，设计师巧妙地运用黑色绸带提拉，携出手机主体，非常具有人性化。整款包装盒设计简洁有力，吸收了现代主义无装饰设计风格，在注重功能传达的同时，突出了品牌形象。该包装盒主要材料是1200克/平方米灰卡纸加裱157克/平方米黑色纸张，整个造价成本非常低，且非常环保。这款包装曾荣获中国"包装之星"银奖。

蒙宝欧650手机包装图示：图6-84、图6-85、图6-86。

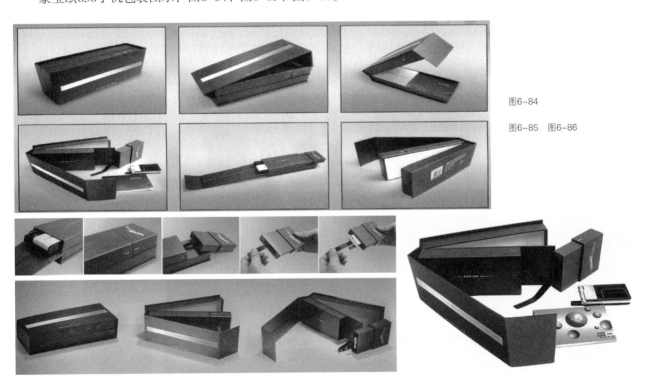

图6-84

图6-85　图6-86

案例三：泸州老窖"岁岁团圆"礼盒包装

这是由设计师张爱华于2005年创作的"岁岁团圆"礼盒酒包装。其定位是商务人士的高端市场，包装以"团圆"为主题，希望通过祥和、平安、团聚、共享盛世的氛围，向消费者传达中国传统的团圆文化，使消费者在饮酒的过程中，更能品味亲情、友情、品味团圆、幸福、品味人生、成功带来的喜悦。

在包装结构设计上，岁岁团圆酒利用"圆"的概念，巧妙地通过四个棱角圆润的三角形瓶形拼接，构成一幅完美"圆"的形状。"圆"的组合结构的成功开发，打破了市场上现有瓶型的设计模式，而盒型设计则运用四个既独立又连接一体的三角形盒体，通过围合而成一个正方形盒体，盒型展开后则显得大气延绵，展示效果极佳。盒型与瓶型组合成的外方内圆造型，结构巧妙，形式新颖，对礼盒设计开发具有开拓性意义。色彩选用最符合喜庆气氛的中国传统吉祥色彩——红色和金色为主色，符合国人的消费审美取向，有力地表现出中国的传统民族风情。图案设计以中国传统的年画为创作元素，通过天官赐福、代代寿仙、岁岁平安、和合万年、富贵因缘五幅年画集中烘托了"团圆"文化氛围。年画以独有的民间韵味赋予产品深远的福文化，体现千百年来国人不变的精神向往和追求。品名由苍劲古朴的书法体和圆润优美的小篆体组成，给人久远、柔美的视觉感受，含蓄地将目标消费者深藏的归根、团圆之情感表现出来，同时传达祥和、喜庆、共享盛世的文化气息。

包装风格以传统化、民族化、大气化、情感化为特征，通过独特的造型、喜庆的颜色和富有民族风味的图案以及寓意深刻的文字向消费者传递团圆、美满的文化气息，显示了博大精深的中国传统文化和民族风情，蕴含深厚的文化内涵。这款包装于2005年在捷克首都布拉格荣获"世界之星2005"（World Star 2005）包装奖。

泸州老窖"岁岁团圆"礼盒包装图示：图6-87、图6-88。

图6-87 图6-88

案例四：Clevername创可贴包装

这款由皮尔逊·马修斯设计的Clevername创可贴包装荣获2004年5月DBA设计挑战赛的冠军。这是一款经过改良以后重新设计的包装，将以前的包装款式改为折叠纸盒的形式，Clevername创可贴的目的是单只手就能使用产品。新的包装，可以使创可贴直接置放在伤口上，然后只需使用者用手轻轻拉动它，并撕开上面标有"使用此线拉开"的图标，即可完成创可贴包裹伤口的过程，这两个皮瓣可以做到协助手指完成此操作。这款产品的设计师们说："我们所做的一切，是为了改变残疾人用药的困难，但是也要把增加效益摆在一个重要的位置。"打开包装盒，里面展示了其操作步骤，在包装上标有使用说明性文字，如保护伤口、防止感染等信息。这款创可贴包装设计，不仅具有很好地保护产品、提示消费者操作的功用，同时又具有能完美地展示产品的功能，真正意义上做到了结构设计上的多功能组合，体现了包装设计人性化的关怀。

Clevername创可贴包装图示：图6-89、图6-90。

图6-89　图6-90

案例五：超佳鞋包装

这是一款在结构设计方面做得非常出色的包装产品。设计师通过对传统鞋盒结构及开启方式加以改进，使得原本单一的鞋盒包装开启更为方便，增强了实用功能，并具有一定的趣味性。这款鞋盒包装结构可谓是创新之作，一个小小的人性化设计，给销售人员和消费者都带来了便利，并从视觉、心理上给人们带来新颖之感。在商品的包装装潢上，采用单色的牛皮卡纸作为承载图文的物质载体，从成本核算角度考虑，这种设计降低了成本，让消费者真切享受到经济实惠。在主展示面上没有多余的图形文字，只是强化了商品的Logo标识，使消费者加深对品牌形象的认知度。

在结构设计方面的出色表现是这款包装的另一个亮点。售货员可能会遇到这种尴尬的事情：消费者需要的尺码在最底层，这时只能把上面的鞋盒拿开才能取出下层的商品。但在这款包装中，采用侧开式的开启方式，即使所需的尺码处于最底层，也可以轻而易举地取出，在开启后可以利用铜扣进行闭合，商品可以非常方便地取出和放入。这款鞋盒在闲置时可以折叠起来，便于节约空间，还可以盛装其他物品，如文件资料等。

超佳鞋包装图示：图6-91、图6-92、图6-93、图6-94。

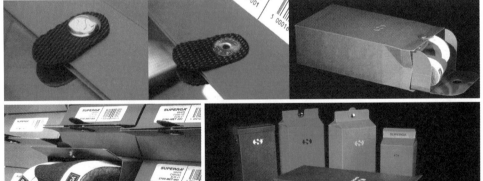

图6-91

图6-92　图6-93

图6-94

案例六：天才（Talent）茶具包装

这是一款具有典雅气质的茶具包装设计作品，设计师通过似金字塔的造型和丰富的肌理来体现产品的尊贵感。金字塔造型稳重且大方，其简练概括的线条，以最简单的方式表达力量的美感，极富装饰性效果。材料的肌理运用看似杂乱，但充满韵律和跳跃性的线条，传达一种动势之美，同时体现了设计形式中的节奏、秩序、特异、对比、疏密等多种形式的组合关系。在这套茶具的内部结构上，设计师借鉴了中国古建筑中的榫卯结构，用两片硬卡纸互相穿插将杯盘卡在一起，作为内衬和间隔固定茶具，即牢固又美观，体现了良好的包装保护性能，另外，还可以在销售过程中起到展示作用。盒底通过四个相互咬合的漩涡折角依次插合，最后通过一个方形封条进行粘贴固定，具有较好的承重性，使得内装物在流通过程中不会因脱离包装而造成内装物的破损。

似金字塔的四棱锥造型设计，完全依据茶具组合后的形制来设计，比市面上流通的茶具包装设计更节省了材料和空间，通过其独特的结构、新颖的创意展示一种结构美，从而突显该款包装的整体美感。

天才（Talent）茶具包装图示：图6-95、图6-96。

图6-95

图6-96